U0179048

KUWEI
酷威文化
图书 影视

生命是什么

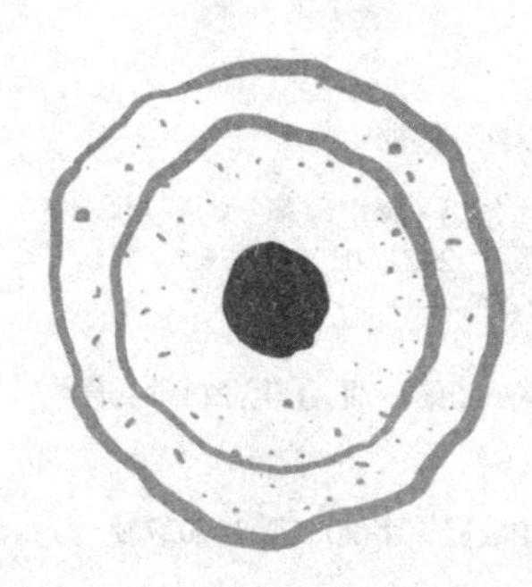

[奥]
埃尔温・薛定谔
著

梁震宇
译

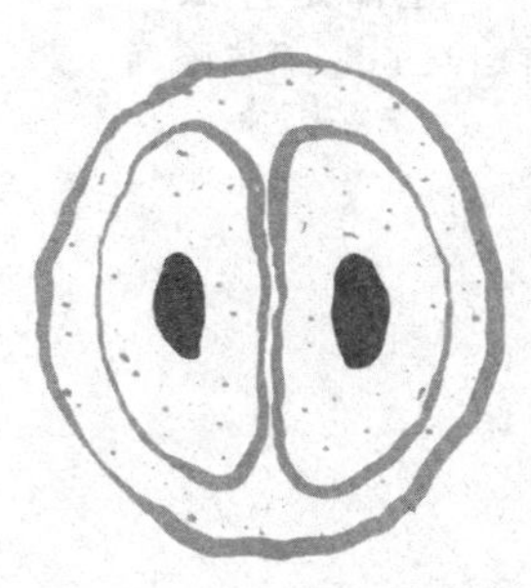

What is life?

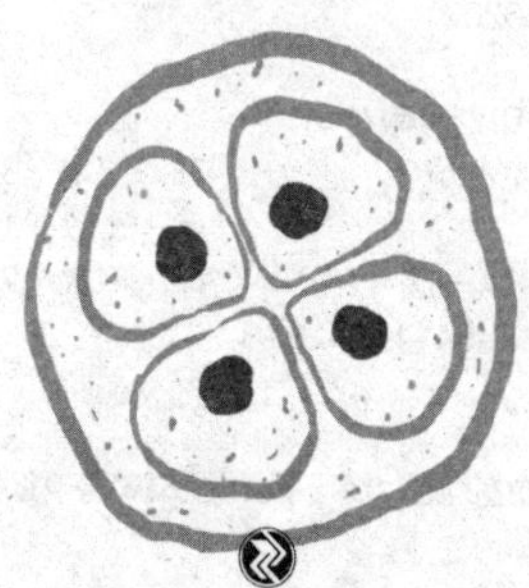

四川文艺出版社

图书在版编目（CIP）数据

生命是什么 / (奥) 埃尔温·薛定谔著 ; 梁震宇译
. -- 成都 : 四川文艺出版社, 2022.10
ISBN 978-7-5411-6429-3

Ⅰ. ①生… Ⅱ. ①埃… ②梁… Ⅲ. ①生命科学－普及读物 Ⅳ. ①Q1-0

中国版本图书馆CIP数据核字(2022)第147027号

SHENGMING SHI SHENME

生命是什么

[奥] 埃尔温·薛定谔 著
梁震宇 译

出品人　张庆宁
出版统筹　刘运东
特约监制　王兰颖
责任编辑　彭端至　李　博
特约策划　苟新月
特约编辑　苟新月　肖丛丛
封面设计　卷帙设计 QQ: 2649686699
责任校对　段　敏

出版发行　四川文艺出版社（成都市锦江区三色路 238 号）
网　址　www.scwys.com
电　话　010-85526620

印　刷　天津鑫旭阳印刷有限公司
成品尺寸　145mm×210mm　开　本　32开
印　张　7　字　数　180千字
版　次　2022年10月第一版　印　次　2022年10月第一次印刷
书　号　ISBN 978-7-5411-6429-3
定　价　39.80元

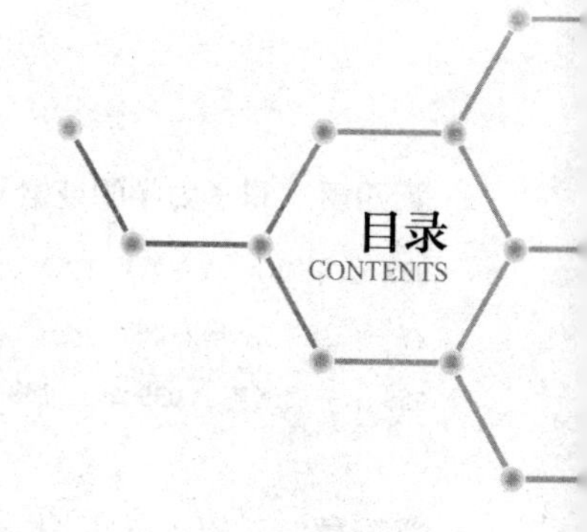

目录
CONTENTS

生命是什么——活细胞的物理观

心灵与物质

生命是什么

——活细胞的物理观

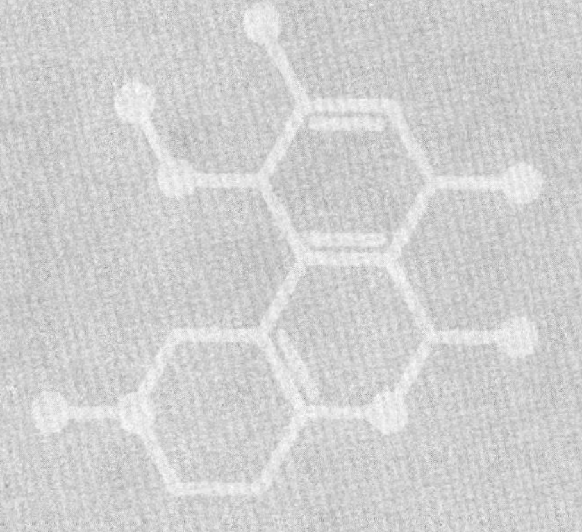

此书基于1943年2月在都柏林圣三一大学所做的演讲，由都柏林高等研究院赞助。

纪念我的父母亲

序 言

人们通常认为，科学家在**特定的**领域掌握着全面而深入的一手知识，因此，一般不会为自己并不精通的命题著书立说。这便是所谓的“贵族义务”（noblesse oblige）[①]。然而为了讨论本书所要阐明的主题，我请求放弃所谓的“贵族”（noblesse）身份（如果我能够妄称自己为学界的“贵族”的话），从而免去随之而来的“义务”。我的理由如下：

我们从祖先处继承了一种强烈的渴望——寻求一种包罗万象的、能够统一各个学科的知识。人们赋予最高学府的名称提醒着我们，自古以来，**普适性**一直是人类的至高追求。[②]然而，在过去的一个多世纪中，各个学科在广度和深度上的发展，使我们陷入了一种奇怪的困境。一方面，我们清楚地感觉到，我们才刚刚开始获取可靠的资料，得以把所有知识融会贯通；但就另一方面而言，人作为一个个体，若想跨越自己专攻的一小块领域而驰骋于更大的知识疆域上，是几乎无法实现的。

我认为，摆脱这种困境的方法只有一个：我们当中的某些人应该大胆地去着手整合现有的事实和理论，即使其中某些内容是二手的、不

① “贵族义务”是一种起源于欧洲中世纪的传统观念，认为贵族阶层有义务承担社会责任，大意为“位高则任重”。——译者注

② 统一的（unified）、大学（university）和普适性的（universal）有相同的前缀 uni-，出自拉丁语 unus，意为“一”。——译者注

完备的，即使要冒着当众出丑的风险。否则，我们将永远无法实现追求普适性的目标。

我的申辩到此为止。

语言的障碍不可小觑。一个人的母语如同他最合身的衣裳，用外语表达自己的观点如同强行套上不合适的新衣，并不会感到舒适自在。在此，我要感谢英克斯特（Inkster）博士（都柏林圣三一学院）、帕德莱格·布朗（Padraig Browne）博士（梅努斯圣帕德里克学院），还要感谢S. C. 罗伯茨（S. C. Roberts）先生。为了给我量体裁衣，他们可谓殚精竭虑；而我有时不愿放弃自己“独创”的式样，还给他们添了不少麻烦。倘若经过朋友们的斧正后，书中仍有一些我“独创”的痕迹得以“幸存”，那么应当归咎于我，而不应对他们加以责难。

本书中诸多小节的标题原本只是页边摘要，因此读者应当**连贯**阅读各章的正文。

埃尔温·薛定谔

都柏林

1944年9月

自由的人绝少想到死；他的智慧不是对死的默念，而是对生的沉思。[1]

——斯宾诺莎[2]《伦理学》第四部分，命题67

① 作者此处引用的是拉丁文原文：Homo liber nulla de re minus quam de morte cogitat; et ejus sapientia non mortis sed vitae meditatio est. 译文参考了贺麟先生的译本。——译者注

② 斯宾诺莎（Baruch de Spinoza），荷兰理性主义哲学家，其著名思想包括泛神论、中立一元论等。《伦理学》被认为是他最伟大的著作。——译者注

第一章

经典物理学家对生命问题的研究方法

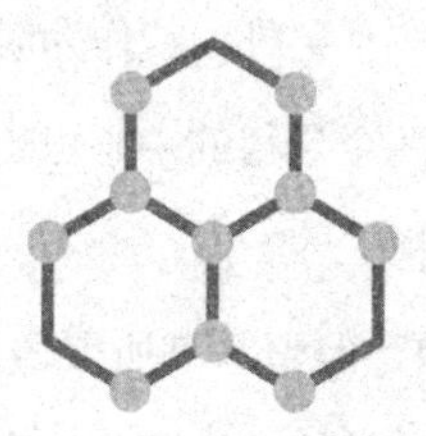

我思故我在。

——笛卡尔

研究的一般性质与目的

这本小书源自我这个理论物理学家为大约四百位听众举办的公开讲座。我一开始就警告听众，讲座的主题将会艰涩高深，即便我极少用到物理学家最令人望而生畏的武器——数学演绎，内容也不可能通俗易懂。这并非因为这个命题简单得无须使用数学工具诠释，相反，正是因为它牵涉的内容过于错综复杂，以致无法完全用数学说明。尽管如此，中途离场的观众也不多。另外，我作为演讲者，试图让物理学家和生物学家都能理解贯穿这两个学科的中心思想。因此，讲座的内容至少从表面上看来较为浅显易懂。

尽管涉及了诸多话题，但整本书所要表达的主旨其实仅有一个，即我对一个重大问题的小小见解。为避免偏离主题，有必要事先简要地概述一下本书的计划。

这个引起广泛讨论的重大问题是：如何用物理学和化学来解释发生在生物体内的**时空**事件？

这便是本书将倾力探讨的问题。初步结论可概括如下：显然，当今的物理学和化学尚无能力解释这些事件，但毋庸置疑的是，这两个学科将在日后寻求答案的过程中起到关键作用。

统计物理学，结构上的根本差异

如果上述结论只是为了激励大家，让人们有信心在将来实现过去无法完成的目标，那就过分低估它的深刻含义了。这句话的意义在于我们可以充分说明为什么迄今为止物理学和化学仍对生命问题无能为力。

多亏了生物学家（尤其是遗传学家）在过去三四十年间的开创性工作，如今人们对生物体真正的物质结构及其功能有了足够多的了解。而我们所掌握的知识恰恰可以说明，为何当前的物理学和化学尚且不能解释生物体内发生的时空事件。

生物体关键部位的原子排列方式以及这些排列的相互作用，与物理学家和化学家迄今为止在实验和理论中研究的所有原子排列有着根本上的不同。然而，普通人也许会认为上述差异是微不足道的，除非这人是一个物理学家——坚信物理学和化学定律实质上是彻头彻尾的统计学定律[①]。物理学家和化学家在实验室里埋头操作、在办公桌前苦心钻研，接触过许多物质；但从统计学的角度出发，生物体关键部位的结构与我们研究过的所有物质都有着天壤之别[②]。用物理学和化学的定律和规则来直接解释某些系统的行为，而这些系统与其研究对象的结构完全不同，这简直难以想象。

我方才用极其抽象的术语来表述了“统计结构”的差异，我并不指望非物理学家能够理解甚至领会其中的重要意义。为了论述更为生动形象，现在不妨提前透露一下我后面将要详细说明的内容，即我们可以把活细胞最重要的部分——染色体纤维（chromosome fibre）——恰当地称作**非周期性晶体**。迄今为止，我们在物理学中的研究对象仅停留在周期性晶体上。对一位谦卑的物理学家来说，**周期性晶体**已经足够复杂和有趣了；它们构

① 这个论点可能显得有些过于笼统。我们将在本书接近尾声的时候继续对其展开论述（第七章）。

② F. G. Donnan 在两篇极具启发性的论文中强调了这一观点，参见：*Scientia*, XXIV, no. 78 (1918), 10 ('La science physico-chimique décrit-elle d'une façon adéquate les phénomènes biologiques?'); *Smithsonian Report for 1929,* p. 309 ('The mystery of life') .

造出极为繁复迷人的物质结构，无生命的大自然凭借这样的结构使物理学家费尽心血、绞尽脑汁。然而与非周期性晶体比较起来，周期性晶体会顿时黯然失色，显得简单又乏味。这种结构上的差异悬殊，正如同平平无奇的墙纸和技艺精湛的刺绣（例如拉斐尔的挂毡）：前者只是按照固定的周期反复重现同一种图样；后者则绝非单调的重复，而是通过精心设计、极具内涵的连贯画面，呈现出大师的匠心巧思。

我说这话的意思是，只有传统意义上的物理学家才会把周期性晶体视为最复杂的研究对象之一。事实上，有机化学所研究的分子越来越复杂，已经十分接近“非周期性晶体”了。而在我看来，“非周期性晶体”正是生命的物质载体。因此，无怪乎有机化学家已对解答生命问题做出了重大贡献，而物理学家却几乎毫无建树。

朴素物理学家对该命题的研究方法

我刚才已简明扼要地陈述了研究的基本观点（毋宁说是最终范围），下面请让我再来描述一下研究的思路。

首先，我认为应当展开说明，所谓的“一个朴素物理学家对生物体的看法”是什么。在学习了物理学知识，尤其是统计学基础之后，一个朴素物理学家的脑海中会萌生出一些想法。他开始思考生物体的本质及其行为与运作方式，并扪心自问，自己能否以所学到的相对简单、清晰及浅显的科学知识，为这一命题略尽绵薄之力。

事实上，他确实可以。接下来，他需要把自己的理论预期与生物学事实进行对比。结果将会表明，尽管他的观点大体上解释得通，但仍要做出较大的修正。通过这种方式，我们得以逐步接近正确的观点，或者谦虚点说，我个人认为正确的观点。

即使我在这一点上是正确的，我也并不能确信我接近真理的道路是否是最优的、最简的。不过，这终归是我自己的方式。这位“朴素的物理学家”便是我本人。除了上述曲折迂回的方法，我无法找到其他更好的或更直接的途径来实现目标。

原子为何如此之小？

为了论述“朴素物理学家的观点”，让我们从一个奇怪得近乎可笑的问题谈起：原子为何如此之小？首先需要指出的是：它们确实非常小。在日常生活中，我们所接触的每一小份物质中都含有数量巨大的原子。科学家们设计了许多案例来让普罗大众形象地理解这一事实，其中让人最为印象深刻的莫过于开尔文勋爵[①]提出的例子：假设你可以标记一杯水中的每一个分子；将杯中的水倒入大海，再把大海彻底搅匀，使被标记的分子均匀分布在七大洋中；这时候，如果你从海里任何一处舀出一杯水，其中将会含有约100个你曾经标记过的分子。[②]

原子的实际尺寸[③]大约在黄光波长的$\frac{1}{5000}$至$\frac{1}{2000}$之间。这样的比较是相当重要的，因为光的波长大致决定了显微镜可分辨的最小颗粒的尺

① 开尔文勋爵（William Thomson, 1st Baron Kelvin），英国数学物理学家、工程师，发明了绝对温标，被称为热力学之父。——译者注

② 当然，该数值不会恰好是100个（即使100是精确的计算结果）。你可能会找到88、95、107或112个被标记的分子，但少至50或多至150个的可能性极小，因为“偏差”或“波动”的预期值为100的平方根（即10），统计学家以100±10来表示。这段注释暂且可以放到一边，但它将会作为佐证统计学$\sqrt{n}$定律的例子在后文再次出现。

③ 根据当前的观点，原子没有明显的边界。因此，原子的“尺寸”并不是一个具有明确定义的概念，但我们可以将之等价（愿意的话，你也可称之为“替换”）为固体或液体中相邻原子中心之间的距离。当然，这种方法不可用于处于气态的物质，因为在常温常压下，气体中的原子分布更为稀松——原子之间的距离是固、液状态下的近乎10倍。

度。然而即使在这样微小的颗粒中，也含有数以亿计的原子。

现在我们不禁要问，原子为何如此之小？

很显然，这个问题回避了重点，因为它真正关注的并不是原子的大小，而是生物体的大小，更为确切地说是人体的大小。与我们惯常使用的长度单位（如码或米）相比，原子的确是很小的。在原子物理学中，人们通常使用所谓的“埃格斯特朗”（Ångström，简称为Å或埃）①，即1米的10^{10}分之一或0.000 000 0001米。以此单位度量，原子的直径在1~2Å之间。这样看来，原子比日常单位小多了。其实，日常单位与人体的尺寸有着密切的关系。据传，“码”的来历最早可以追溯到一位英国国王的玩笑话。臣子们向他请示度量衡事宜时，国王把手臂向旁边一伸，说道：“就取从我胸部中间到我指尖的距离吧。”不管这则故事真实与否，它所揭示的道理对于我们研究的问题都是极具价值的。国王自然会指出一个与自己身体相关的长度，因为他知道使用其他的长度将会带来不便。同理，尽管物理学家偏爱“埃”这个单位，但在做新西装时，他们还是更喜欢听到裁缝说衣服需要六码半的呢子布，而不是650亿埃的布料。

由此可以确定，我们的问题实质上是在探讨两种长度的比例，即人体与原子尺寸的比例。既然原子能够独立存在，其优先级自然无可争辩地高于人体。因此，让我们把这个问题改写为正确的形式：相对于原子而言，我们的身体为何如此之大？

可以想象，许多热衷于物理学或化学的学生可能会对下面的事实感到遗憾：鉴于上述比例，我们可以得知，我们人体的每一个感官都至关重要，而且都是由巨量的原子构成的；因此，这些感官显得过于粗糙，以至于无法受到单个原子的影响。单个原子是看不见、摸不着也听

① 这个单位是为了纪念瑞典科学家安德斯·埃格斯特朗而命名的。他是光谱学的创始人之一。——编者注

不到的。我们对原子做出的假设，跟我们迟钝的感官所直接感受到的大相径庭，因此无法通过直接观察来检验真伪。

然而，情况真的只能如此吗？有没有内在原因可以解释这一点？我们能否将这种现象追溯到某种第一原理（first principle）[①]，以确认并理解为什么自然法则必然导致原子如此之小，身体如此之大？

针对上面的问题，这一次物理学家终于能够大显身手了。所有的答案都是肯定的。

生物体的运作需要精确的物理定律

设想一下，如果我们是这样的生物体：感官灵敏得能感受到一个或几个原子的触碰——天哪，生命该变成什么样子！我要在此强调一点：这样的生物体必定无法发展出有序的思维。而正是这种有序思维，在经历了一系列漫长的早期阶段后，最终发展出了许多成型的观点，其中就包括“一个原子”的概念。

尽管仅仅谈论了“思维”这一点，但接下来的分析本质上也适用于大脑和感觉系统以外的其他官能。不管怎么说，我们人类对自身最感兴趣的，还是我们如何感觉、思考与认知。对于负责思维和感觉的生理过程而言，所有其他的生理过程都只起辅助作用；虽然从纯客观的生物学角度看来这未必正确，但至少从人类的角度看来确实如此。而这也将极大地促使我们去挑选那些与主观事件密切相关的过程作为研究对象，尽管我们根本不了解这种密切相关性的本质。事实上，我认为这已经超出了自然科学的范围，甚至很可能超出了人类理解能力的范畴。

---

① “第一原理”最早由亚里士多德提出，指认识所有事物的第一基础，即最基本的命题或假设。——译者注

于是，下面的问题紧随而来：为什么像人类大脑这样与感觉系统相连的器官，非得由大量的原子构成，才能使其物理状态的变化与高度发达的思想紧密关联在一起？为何这样的器官（无论是作为一个整体还是与环境直接接触的外围部分），不像机器一样足够精巧灵敏，能对外界单个原子的影响做出反应并将其记录下来呢？

原因是，所谓的思维：（1）本身是一种有序的东西；（2）只能建立在（一定程度上）有序的“材料”之上，这里的“材料”特指知觉和经验。这句话有下面两层意思。首先，如果某个身体组织（如大脑）要与思维产生紧密联系，它的有序性必然是非常高的，这意味着在其中发生的所有事件都必须精确度极高地遵循严格的物理学定律。第二，显而易见，外界施加给这一在物理上高度有序的系统的物理影响，与相关的知觉与经验（即上述“材料”）对应。因此，人体系统与外界在物理上的相互作用，通常具有一定程度的物理秩序。换言之，它们必定也遵循着严格的物理学定律，并能达到一定的精确度。

物理定律基于原子统计学，因此只是近似

为什么仅由少量原子组成、灵敏得能感知单个或几个原子的生物体无法做到上述的一切呢？

正如我们所知，所有的原子都在永不停息地进行着完全无规则的热运动，这抵消了它们行为的有序性。因此，仅在少量原子中发生的事件无法呈现出任何已知的规律。只有原子数量足够庞大，统计学定律才会开始生效，从而能够根据统计学定律预测这些集合体（assemblées）的行为模式；原子的数量越多，统计学的预测越精准。正是通过这种方式，事件获得了真正的有序性。在我们的知识范围内，所有对生物体极为重

要的物理学和化学定律都具备这种统计学属性；我们所能想象到的所有其他类型的规律和秩序，都因原子永不停息的热运动的干扰而失效。

其精确度基于大量原子的介入：第一个例子（顺磁性）

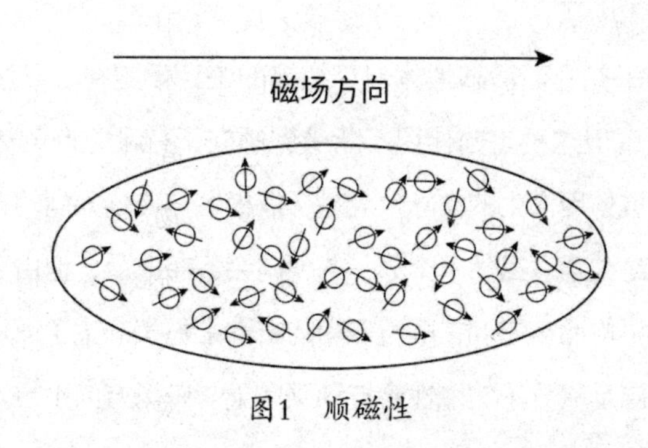

图1　顺磁性

让我试着用几个例子来说明这一点。我从无数个例子中随机挑选出这些例子，对于第一次接触如下物质状态的读者来说，也许并不是最好理解的。但正如“生物体是由细胞构成的”这一事实之于生物学，牛顿定律之于天文学，乃至整数序列1、2、3、4、5……之于数学，我们将讨论的在现代物理学和化学中也是非常基本的概念。下面的例子所涉及的学科在教科书里被称为“统计热力学”，该领域声名显赫的代表性学者有路德维希·玻尔兹曼[1]和威拉德·吉布斯[2]。我并不指望从未涉足

① 路德维希·玻尔兹曼（Ludwig Boltzmaan），奥地利物理学家与哲学家。他从统计力学角度诠释了热力学第二定律，玻尔兹曼常数以他的名字命名。——译者注

② 乔赛亚·威拉德·吉布斯（Josiah Willard Gibbs），美国科学家，创造了“统计力学”这个术语。他在物理学、化学和数学领域都有着卓越的成就。“吉布斯自由能”以他的名字命名。——译者注

过该领域的人仅凭以下寥寥数页就能完全理解并领会它。

在一个长椭圆形石英管中充满氧气，并将其置于磁场中，你会发现气体被磁化了[①]。这是因为氧分子实质上是微小的磁体，进入磁场后倾向于顺着磁力线排列，这与指南针的道理是一样的。但千万不要认为氧分子会完全平行于磁场。如果把磁场强度加倍，氧气的磁化强度也会翻倍；磁化强度随着施加的磁场强度增加而增强，这种正比性可以一直持续到极强的场强。

这个例子充分而清晰地体现了纯粹的统计学定律。磁场对氧分子有定向作用，但这种定向作用不断受到倾向于打乱方向的热运动的干扰。这种拮抗作用产生的实际效应是，偶极轴与磁场方向的夹角稍稍偏于锐角而不是钝角。虽然单个原子的朝向会不断改变，但由于氧分子的数目庞大，平均而言它们在顺着磁场的方向上稍稍产生了恒定的优势偏向，总体效应是氧分子的磁性会持续倾向于与磁场方向平行，并且强度与场强成正比。

这一巧妙的解释是由法国物理学家保罗·朗之万[②]提出的，可以通过下面的方式得以验证。如果我们所观察到的弱磁化现象确实是两种作用（使分子平行排列的外磁场和使分子随机取向的热运动）相互竞争产生的总结果，那么照理来说，除了增强磁场的方式，我们应该能通过减弱热运动的活跃度，即降低温度来增加氧气的磁化强度。实验证明了这一假设：磁化强度与绝对温度成反比，正好与理论（即居里定律）的定量预测结果相符。现代仪器甚至能够通过降低温度把热运动削弱到几乎

① 选择气体进行实验，是因为它比固体或液体更为简单；在这种情况下磁化作用极弱，不会妨碍我们进行理论推导。

② 保罗·朗之万（Paul Langevin），法国物理学家，创立了朗之万动力学及朗之万方程。——译者注

可以忽略不计的程度，从而凸显磁场的定向作用；即使不能达到“完全磁化”，至少能够非常接近这种状态。在这样的条件下，磁化强度不再完全正比于磁场强度；取而代之的效应是——随着场强的增加，磁化强度增加的幅度会越来越小，最终达到所谓的“饱和”状态。这一理论亦得到了定量实验的验证。

请注意，这种现象完全依赖于分子的数量。只有大量分子共同作用，才能产生我们能够观测到的磁化现象。否则，磁化完全无法保持稳定，而会时时刻刻呈现出无规则的波动——这是热运动与磁场作用两种力量相互拮抗的体现。

第二个例子（布朗运动，扩散）

取一个密闭的玻璃容器，再用由微小液滴组成的雾填充容器底部，你会发现雾气的上缘将以固定速率逐渐下沉。该速率取决于空气的黏度、液滴的大小及其受到的重力。然而，若在显微镜下观察其中的某个液滴，你会发现它并不是以恒定的速率沉降的，而是在做一种极不规则的运动，即所谓的布朗运动。只有平均来看，液滴的沉降运动才是有规律的。

这些液滴虽然不是原子，但它们足够小、足够轻，因此在遭到单个分子的撞击时，并非完全不受影响。它们就这样被推来撞去，只有作为一个整体时才服从重力的法则。

这个例子告诉我们，假如我们的感官极其灵敏，灵敏到能够受区区几个分子的影响，我们的体验将是多么滑稽和混乱。细菌等极其微小的生物体便是这样，它们的运动由周围介质中变幻莫测的热运动决定，身不由己。如果它们自身具有动力，或许还有可能从一处移动到另一处——但过程仍然艰巨，因为在热运动的狂潮中，它们犹如一叶扁舟在汹涌的海涛间起伏摇荡。

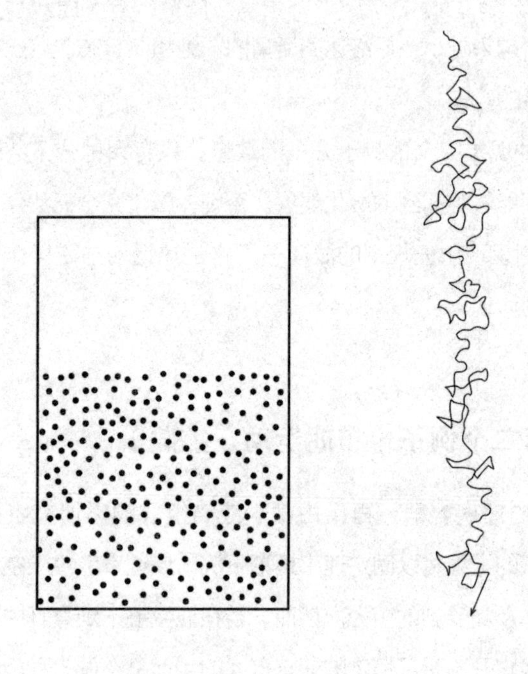

图2　沉降的雾气　　　　图3　下沉液滴的布朗运动

与布朗运动非常相似的现象是**扩散**。假设一个容器中装满液体，其中溶解了少量有色物质，但浓度并不均匀。以高锰酸钾溶于水的现象为例，如图4所示，图中的小点表示溶质（高锰酸钾）分子，其浓度从左到右逐渐下降。静置该系统，一个非常缓慢的“扩散”过程便会自发产生。高锰酸钾将从左向右扩散，即从高浓度处向低浓度处扩散，直到均匀分布于水中。

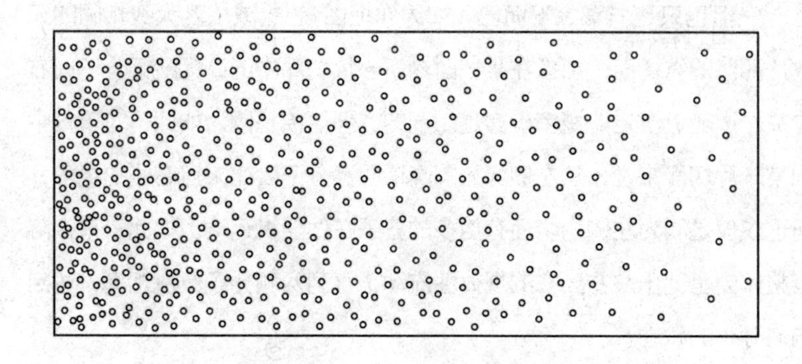

图4　溶质在浓度不均匀的溶液中从左向右扩散

这个过程相当简单，显然也不是特别有意思，但有一点尤其值得我们注意。人们可能以为，有某种趋势或作用力驱使高锰酸钾分子[①]从高浓度向低浓度移动，如同一个国家的人口从稠密的区域向稀疏之处迁徙。但在我们的例子中，高锰酸钾移动的原理并非如此。每一个高锰酸钾分子的运动都相对独立于其他分子，并且彼此很少相遇。无论是在高浓度还是低浓度区域，每一个高锰酸钾分子都经历着同样的命运，遭受着水分子持续不断的碰撞，从而逐渐移动至不可预测的方向：有时朝浓度高的地方，有时朝浓度低的地方，有时则沿着曲折迂回的路径前进。这种运动就好比一个被蒙住双眼的人站在广阔的土地上，他热切地想要“行走”，却不知道要去往哪一个特定的方向。因此，他时刻变换着前行的路径。

每个高锰酸钾分子都在这样随机游走，整体来看，却是有规律地流向浓度较低之处，并最终实现均匀分布。乍看之下，这有些令人困

① 实际上，高锰酸钾溶于水后以高锰酸根离子和钾离子的方式存在。此处统称为高锰酸钾分子，应是为了删繁就简，突出本节的重点，即扩散定律需要大量微粒的共同作用才具有准确性。——译者注

惑——但也只是乍看之下而已。如果你把图4想象成浓度大致相同的无数片薄薄的纵切面，那么在某一时刻，一片切面中的高锰酸钾分子向右边或左边随机游走的概率确实是相同的。但恰恰是因为如此，对于其中的某一片切面来说，从左侧穿入的高锰酸钾分子会比来自右侧的更多，而这仅仅是因为左侧的切面有更多的分子在做随机运动。如此一来，溶液整体会呈现出从左到右的规律性流动，直到两侧分子数量相等，达到均匀分布的状态。

将上述分析转换成数学语言，我们可以得到精确的扩散定律，其形式是一个偏微分方程：

$$\frac{\partial\rho}{\partial t}=D\nabla^2\rho$$

为了不劳烦读者费心理解，在此我便不展开解释这个方程了，尽管它的含义通过日常用语表述也非常简单[①]。我之所以说这个定律是严格地“数学上精确”的，是为了强调我们必须在每一个实际案例中再度检验它的物理精确性。因为扩散定律建立在纯粹的概率之上，所以它只是近似有效。一般来说，只有在参与其中的分子数量巨大的情况下，这才是一个非常好的近似模型。分子的数量越少，偶然偏差就越大；在合适的条件下，我们是可以观察到这些偏差的。

① 公式的含义是，任意点的浓度都会以一定的速率增加（或减少），该速率与该点的无限小邻域中相对过量（或不足）的浓度成正比。顺便提一下，热传导定律的形式与这个公式完全相同，只需用“温度”替代“浓度”。

第三个例子（测量精度的极限）

接下来我将举出最后一个例子，它与第二个例子非常相似，但有其独到之处。物理学家经常使用一根纤长的细丝把一个很轻的物体悬挂起来，待其保持平衡后，再用电力、磁力或者引力使物体绕垂直轴扭转，从而测量让它偏离平衡位置的微弱的外力。当然，我们需要根据不同的实验目的来选择合适的轻物体。

面对这种非常常用的“扭秤”装置，人们在不断努力提高它的测量精度时，遇到了一个有趣而奇怪的瓶颈。为了使天平能够感应到更为微弱的力，人们选用的物体越来越轻，使用的纤丝越来越细、越来越长；当悬挂物体变得明显受周围分子热运动的影响，并开始围绕其平衡位置持续不断地进行无规则的“舞蹈”时（与第二个例子中液滴的震颤相似），我们就达到了测量精度的极限。虽然这不是天平测量精度的绝对极限，却是实际操作中的极限。不可控的热运动与待测的作用力相互拮抗，使我们观测到的单次偏离失去了意义。为了消除布朗运动给测量仪器带来的影响，我们必须进行多次观测。我认为这个例子尤其能为我们所要进行的研究带来启发，因为我们的感官说到底也是一种仪器。可想而知，如果人类的感官过于灵敏，它们将会变得多么徒劳无用。

$\sqrt{n}$定律

就先举这么多例子。最后我想再补充一点，生物体内部或其与环境相互作用时涉及的所有物理学或化学定律，全部都能用来举例。有些例子的实际情况可能要更复杂一些，但它们的重点总是一致的，因此无须再赘述。

但我还想补充一个非常重要的定量说明，即所谓的$\sqrt{n}$定律。它关乎所有物理定律的不精准度。我会先用一个简单的例子来解释它，然后再加以概括。

如果在特定的压力和温度条件下，某种气体的密度是一定的，那么我也可以说：在上述条件下，一定体积（体积的大小与实验目的相关）的气体中有n个分子。可以确信的是，假如你能在特定的时刻检验我的说法，就会发现这并不准确，而且分子数量的偏差值约为$\sqrt{n}$。如果分子数n为100，那么偏差值约为10，相对误差则为10%。但是，如果n为1 000 000，偏差值则约为1 000，相对误差为0.1%。大致来说，这个统计学法则是普遍适用的。由于存在$\frac{1}{\sqrt{n}}$这一可能的相对误差，物理学和物理化学定律并不是完全准确的——n表示在某些考量或特定的实验中，能够于一定的空间或时间（或两者兼之）内，使定律生效的共同作用的分子数。

由此我们再一次看到，生物体必备的结构必须相对庞大，这样其内部活动以及与外部环境的相互作用才能遵循较为准确的定律。否则，如果参与其中的分子数量太少，所谓的“定律”也就太不准确了。定律中的平方根在这里起到了关键作用。尽管一百万是个相当大的数值，但被开方后，千分之一的误差还是太大，还不够称得上是“自然法则”。

第二章

遗传机制

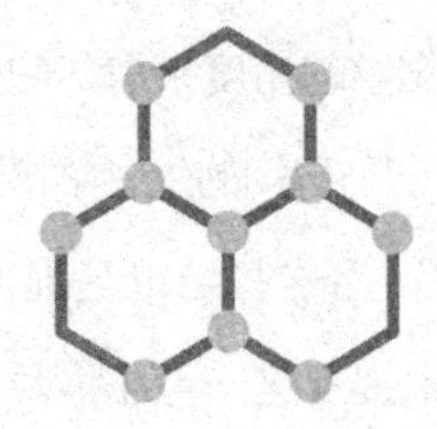

存在永恒不灭：须知法则

会将生命的宝藏维护贮存，

宇宙因而装点得美丽喜人。[①]

—— 歌德

① 本诗摘自歌德于1829年发表的诗作《遗嘱》(*Vermächtnis*)，此处引用了杨武能先生在《歌德思想小品》中的译文。——译者注

经典物理学家的观点虽是老生常谈，却是错误的

综上所述，我们可以得出结论，一个生物体及其所经历的所有生物学相关过程，必须具备一种极其“多原子”的结构，才能避免因偶然的“单原子”事件而受到太大的影响。“朴素物理学家”告诉我们，这一点至关重要。只有这样，生物体才能遵循足够精确的物理学定律，从而执行让人叹为观止的有规律、有秩序的运作方式。这些结论纯粹是从物理学的角度出发而得出的，但是从生物学的角度来看，它们属于无凭无据的先验性（a priori）结论。那么，它们与已知的生物学事实有多符合呢?

乍看之下，人们往往认为这些结论是显而易见的真理，也许早在三十年前就已经有生物学家提及这一点了。尽管在科普讲座中，演讲者可以强调统计物理学对于生物体及其他对象都是同等重要的，但实际上这不过是众所周知的老生常谈。因为，任何高等物种成年个体的身体乃至构成它身体的每一个细胞中，都包含着“天文”数字之多的各种单原子，这一点是不言而喻的。我们所观察到的每一个特定的生理过程，无论是在细胞内还是在与环境的相互作用中，似乎都涉及大量的单原子及单原子过程。这种观点三十年前就有人说过了。我们在 $\sqrt{n}$ 定律一节中解释过，统计学上对“大量”这个定义有着严苛的要求；但即使如此，巨大的原子数目也能保证所有相关的物理学和化学定律生效。

如今我们知道，这种观点实质上并不正确。我们马上就会看到，许多小得令人难以置信的原子团，它们包含的原子数少到无法服从精确的统计学定律，却真真切切地在生物体内有规律、有秩序的事件中发挥

着关键作用。这些小小的原子团控制着生物体在生长发育过程中获得的可被观察到的宏观性状，还决定着生物体功能的重要特征；而所有这些性状和特征都遵循着精准而严格的生物学定律。

首先，我必须简要概述生物学尤其是遗传学的现状。换言之，我必须总结一个自己并不精通的学科的最新进展。对此我亦感到无可奈何，只能对接下来的外行言论深表歉意，尤其是要向生物学家们致歉。但是，请容我多少有些教条地介绍一些当前的主流观点。我只是一个浅薄的理论物理学家，无法对实验证据做出全面的考证。这些证据不仅包括大量日积月累、交织互补、巧思空前的一系列育种实验，还有在最精密的现代显微镜下对活细胞进行的直接观察。

遗传密码本（染色体）

从这一小节开始，我将引用生物学家称之为“四维样式”（the four dimensional pattern）中的“样式”（pattern）一词，它不仅表示生物体在成年阶段或是其他任何特定阶段中的结构和功能，还表示生物体个体发育全过程，涵盖了生物体从受精卵发展到具备生殖能力的成年期的所有阶段。现在我们已经知道，仅凭受精卵这一单细胞的结构，就可以决定整个四维样式。进一步说，它实质上只取决于受精卵细胞的一小部分结构——细胞核。

大部分时候，细胞处于“休眠状态”（resting state）。这时，细胞核通常呈现为网状染色质[1]，分布在细胞中。但在关键的细胞分裂（包括有丝分裂和减数分裂，见下文）过程中，我们可以看到细胞核由一组

① 这个词的字面意思是“染上颜色的物质”，也就是说，在使用显微技术进行特定染色的过程中，它能够被染上颜色。

叫作“染色体”的颗粒组成。染色体通常呈纤维状或杆状，数量有的为8条，有的为12条，人类则有48条[①]。其实我们更应该把这些数目写成2×4、2×6、……、2×24、……，还应该按照生物学家惯用的表述，把它称为两组染色体。这是因为，尽管有时我们能够根据形状和大小清晰地分辨单条染色体，但这两组染色体几乎是完全相同的。在两组染色体中，一组来自母体（卵细胞），另一组来自父体（精子），稍后我会详细解释。正是这些染色体，或者说可能仅仅是我们在显微镜下实际看到的中轴骨状纤丝，当中蕴藏着一本遗传“密码本”，它包含着个体未来发展和成熟阶段功能的整个“样式”。每组完整的染色体都含有全部密码；受精卵细胞是生命的最初阶段，因此它通常也含有两份密码副本。

拉普拉斯（Laplace）曾经构想过一位全知全能的智者[②]，在他面前万事万物的因果关系都一目了然。我们之所以称染色体纤维的结构为“密码本”，是因为这位洞察万物的智者能够根据这种结构判断，在适宜的条件下，某个受精卵能发育成黑公鸡还是芦花母鸡，苍蝇还是玉米，杜鹃还是甲虫，老鼠还是女子。在此，我还要补充一点，卵细胞的外形往往极其相似；即使略有差别，比方说鸟类与爬行动物的卵相对巨大，其结构上的差别也远远比不上其中营养物质的差别。大型的卵细胞显然需要更多的营养物质。

当然，“密码本”这个词毕竟还是太狭隘了，因为染色体的结构也能影响它们所预示的未来发育过程。它们既制定法则，也执行权力。换个比方，它们既是建筑师的蓝图，也是建造者的工艺。

---

① 薛定谔写作此书的时代，学界误以为人类染色体数为48条（或24对）。1955年，出生于印尼的华裔美籍遗传学家蒋有兴(Joe Hin Tjio)发现，人类的染色体实则有46条(或23对)，译文据此成果进行了修正。下文同，不再另外说明。——译者注

② 即著名的“拉普拉斯妖”。拉普拉斯是一名法国数学家，笃信决定论。拉普拉斯于1814年发表的《概率论》中构想出这样一位智者（intelligence），他知晓宇宙中所有原子的位置与动量，因此可以得知宇宙的过去与未来。该观点遭到了学界的诸多质疑。——译者注

个体通过细胞分裂（有丝分裂）生长发育

在个体发育[①]的过程中，染色体是如何发挥作用的呢？

生物体的发育是通过连续的细胞分裂来实现的，我们称之为有丝分裂。由于人体由数量庞大的细胞构成，在细胞的生命周期中，有丝分裂发生得并不如人们所想象的那样频繁。在生命初期，细胞的增长十分迅速。受精卵分裂成两个“子细胞”，接下来分裂成4个，然后是8个、16个、32个、64个……以此类推。在发育过程中，身体的不同部位分裂的频率不尽相同，因此指数增长的规律性会被打破。但根据细胞的增加速度，再通过简单的计算，我们可以推断出，平均而言，细胞只需要50次或60次连续的分裂，就足以产生一个成年人体内的细胞总量[②]。若把人一生中所有的细胞更迭考虑进去，需要的数目则需翻十番。因此，对于最初形成“我”的那个受精卵来说，平均而言，我体内的某个体细胞只是它的第50代或60代“后裔”。

在有丝分裂中，每一条染色体都被复制

染色体在有丝分裂时，行为方式又是怎样的呢？它们会自我复制：两组染色体及两份遗传密码副本都会被复制。这种现象大大激发了科学家们的兴趣，他们已在显微镜下对此进行了深入的研究；但因为过于复杂，在此我便不展开说明了。关键之处在于，两个“子细胞”都获得了母细胞赠予的“嫁妆”，即与母细胞一模一样的两组完整的染色

① 个体发育（ontogenesis）是指个体在其生命周期中的生长发育，而不是指系统发育（phylogenesis），即物种在不同地质年代间发生的演化。

② 非常粗略地说，大约为10^{14}或10^{15}个。

体。因此，所有体细胞中的染色体“宝库”都是完全相同的[1]。

尽管我们对这一机制所知甚少，但我们至少知道每一个细胞，即使是不太重要的细胞，都应当拥有遗传密码本的全部（两份）副本；而这一现象通过某种方式与生物体的运作紧密地关联起来。前段时间我们有篇新闻报道，蒙哥马利将军[2]在非洲战场中下达指令，要求把完整的作战计划一五一十地告知他麾下的每名士兵。如果事实与报道相符（考虑到他的部队既机警又可靠，我想确有此事），这便为我们的例子提供了一个绝佳的类比。在我们的生物学范例中，对应的事实正在发生，确凿无疑。每名士兵都相当于一个细胞，而每一个细胞都获得了完整的遗传密码。最令人惊叹的一点是，在整个有丝分裂的过程中，染色体组始终是成双成对的，这是遗传机制最鲜明的特征。有且仅有一个例外情况，而这一例外恰恰凸显了这一特征。下面我就来说说。

减数分裂和受精（配子结合）

个体发育开始后不久，一组细胞被保留下来以便在未来产生“配子”，用于性成熟后的个体繁殖。根据母体性别的不同，配子可以是精子或卵细胞。所谓的“保留”，意味着它们在此期间并不承担其他功能，相对于其他细胞而言，有丝分裂的次数也少得多。这些细胞将来会经历一种特殊的、染色体个数减半的分裂，通常只发生在配子结合前不久，这便是减数分裂。个体性成熟后，被“保留”的细胞通过减数分裂

① 请生物学家原谅，我在这个简要的小结中没有提及镶嵌现象（mosaics）这种特殊情况。

② 伯纳德·蒙哥马利（Montgomery），二战时期著名英国元帅，最著名的战役是在北非的阿拉敏战役中击溃德军将领“沙漠之狐”隆美尔。此次战役是二战中北非战场的转折点，其后轴心国在北非战场转入战略撤退。——译者注

产生配子：母细胞的两组染色体简单分开，每一个染色体组分别进入一个子细胞（即配子）[1]。换言之，在减数分裂中，染色体数目并不会像有丝分裂过程中那样翻倍，而是保持不变。因此，每个配子只能接收到一半的染色体，即只收到一组完整的遗传密码本，而不是两组。例如，人类的配子中染色体数目只有24个，而不是2×24=48个。

只有一个染色体组的细胞被称为单倍体（haploid，源自希腊语ὰπλοῦζ，意为“单个”），因此，配子就是单倍体。正常体细胞为“二倍体”（diploid，源自希腊语διπλοῦζ，意为“两个”）。少数情况下，某些个体体内的细胞有三组、四组或多组染色体，这些细胞分别称为三倍体、四倍体、多倍体。

在配子结合过程中，雄性配子（精子）和雌性配子（卵细胞）这两种单倍体细胞结合形成二倍体细胞，这种细胞便是受精卵。受精卵中一组染色体来自母亲，另一组则来自父亲。

单倍体个体

接下来我还要澄清一个事实。尽管它与我们探讨的话题关系不大，却是一个很有意思的现象。它表明，实际上每个染色体组都带有一个包含完整“样式”的遗传密码本，因此单独拿出来做一番阐释还是有必要的。

在某些案例中，减数分裂完成后单倍体（配子）并不会立刻受精，而是进行多次有丝分裂，从而形成一个完整的单倍体个体。雄蜂就是一个很好的例子。它由蜂王未受精的卵细胞形成，是孤雌生殖的产物——它没有父亲！雄蜂体内的所有细胞都是单倍体。你甚至可以

[1] 减数分裂的过程实际上要复杂得多。——译者注

把雄蜂看作一个极度夸张的大型精子；而且众所周知，它们一生的职能实际上就是交配。然而，这个说法或许有些荒唐，因为这个例子并非独一无二。某些科的植物通过减数分裂而产生的单倍体配子（所谓的孢子）落入土壤里像种子一样发育成一株真正的植物，并且与二倍体植物体型相当。图5是一种森林中常见的苔藓植物的草图。下方长着叶片的部分是单倍体植物，称为配子体；顶端发育出性器官和配子，配子之间相互受精，以普通的繁殖方式产生二倍体植物，即顶部生有孢子囊的裸露的茎。这里的二倍体部分被称为孢子体，因为它能够通过减数分裂在顶部的孢子囊中产生孢子。孢子囊打开后，孢子会落到地上并发育成长为有叶片的茎，周而复始。我们把这种现象形象地称为世代交替（alternation of generations）。愿意的话，你可以用同样的方式来类比人与动物的繁殖过程。但是在这种相对普通的繁殖方式中，“配子体”（即精子或卵细胞）是持续时间非常短的单细胞。相应地，我们的身体可以被看作孢子体。我们的“孢子”就是上文提及的被“保留”的细胞，通过减数分裂，再次产生单细胞的配子[①]。

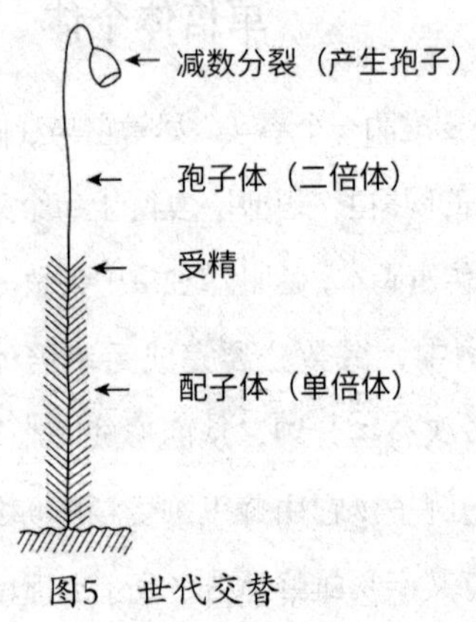

图5　世代交替

① 此处的类比似乎并不十分恰当。根据上文，苔藓植物的孢子特指减数分裂后的单倍体孢子（即配子），而人体中被“保留”的细胞为减数分裂前的二倍体。——译者注

减数分裂的重要性

在个体繁殖的过程中，真正举足轻重的关键事件并不是受精，而是减数分裂。在减数分裂过程中，子细胞的一组染色体组来自父亲，另一组来自母亲，这是无论概率或是命运都无法改变的事实。每一个男子[①]体内的遗传信息都是恰好一半来自母亲，一半来自父亲。至于在具体案例中是父系还是母系更占优势，取决于一些其他原因，我后面将会展开描述（当然，性别本身就是这种优势最显而易见的例子）。

但是，如果你把遗传信息追溯到祖父母一代，情况就大不相同了。接下来的分析将集中在我的父系染色体上，特别是其中的一条，比方说第5号染色体。它忠实地复制了我父亲从他的父亲或母亲处得到的5号染色体；至于它究竟是来自我祖父还是祖母，概率为50 : 50。这取决于1886年11月，我父亲体内发生减数分裂的那一刻。这次减数分裂产生的精子使我呱呱坠地。其实，我父系的第1、2、3……24号染色体，以及我母系的每条染色体，都可以以此类推（mutatis mutandis）。此外，所有这些染色体的遗传概率彼此之间都是完全独立的。即使已知我的父系5号染色体来自我的祖父约瑟夫·薛定谔，我的父系7号染色体来自他或他的妻子（即我的祖母）玛丽·博格纳的概率依然相同。

染色体互换，性状的定位

在上文中，我们已经默认甚至明确地表示了，每条特定的染色体要么整条来自祖父，要么整条来自祖母。换而言之，每条染色体是作为

---

① 对每一个女子来说也是如此。为避免长篇累牍的叙述，我在此小节中未囊括性别决定机制和伴性性状（例如色盲）等值得探讨的话题。

一个整体传递下去的。其实情况并非如此，至少并非总是如此。实际上，来自祖父母的遗传物质在遗传给后代的时候会交融混合。在减数分裂（如父亲体内的减数分裂）中，任意两条“同源”染色体在相互分离并进入两个子细胞以前会彼此靠拢[1]。在相互接触的过程中，它们有时会如图6所示的那样整段交换。通过这个被称为“互换”（crossing-over）的过程，同一条染色体上处于不同位置的两种性状会在孙辈中分离，因此孙辈会一种性状随祖父，一种性状随祖母。这种交叉互换行为既非罕见，又不频繁，但它告诉了我们性状在染色体上是如何定位的。为了进行全面的说明，我必须引用到下一章才出现的概念（例如杂合性、显性等）；为了不超出这本书涉及的范围，在此我只讲讲要点。

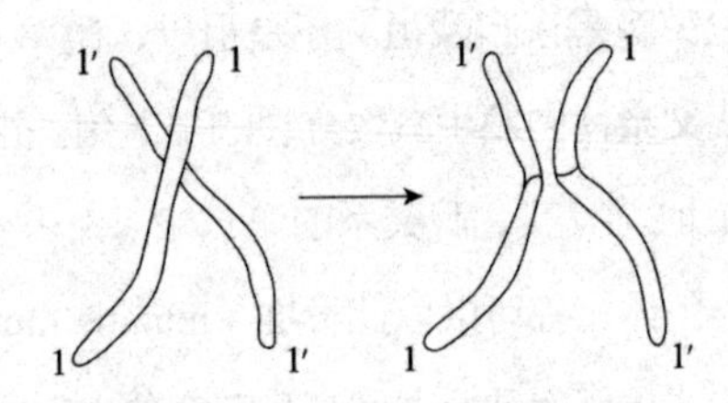

图6　染色体互换。

左：联会中的两个同源染色体。右：互换并分离之后。

倘若没有互换现象，由同一条染色体控制的两个性状总是会一起传递下去，所有的后代总是会同时得到两个性状；但由不同染色体分别控制的两个性状，要么以五五开的概率被分离，要么总是被分离。如果两个性状位于同一个祖先的同源染色体上，此时便属于后一种情况，因

① 该过程称为“联会”（synapsis）。——译者注

为同源染色体永远不会被同时传递给下一代。

然而，这些规则与概率被互换现象打破了。因此，通过精心设计的大量育种实验并仔细记录子代性状的比例，我们可以测算出互换的概率。统计数据的分析基于这样的假设之上：位于同一条染色体上的两个性状，它们的“连锁”越紧密、越不容易被互换打破，彼此之间的距离就越近。这是因为相距较近的性状之间出现互换位点的概率较小；而与之相反，位于染色体两端的性状，每一次产生互换现象的时候都会被分开[①]。位于同一亲代的同源染色体上性状的重组大体与之同理。根据这个假设，我们可以通过统计分析“连锁数据”而绘制出每条染色体的“性状图谱”。

如今，我们的假设已经完全得到了证实。人们对各个物种［主要是但不限于果蝇（Drosophila）］展开充分的实验后发现，被测试的性状实际上可以分成许多彼此独立的组，这是因为生物体内有多条不同的染色体（果蝇有4条染色体）。每一组都可以绘制出线性的性状图谱，它能够定量反映出该组中任意两个性状之间的“连锁”程度。因此我们可以确定，这些性状确实是可以被定位的，而且呈线性排布，这正好对应了染色体的杆状结构。

当然，我方才向各位解释的遗传机制还相当空洞贫乏，甚至可以说有点幼稚。因为我们还没有对上面所说的“性状”下明确的定义。生物体的样式本质上是一个统一的“整体”，要把这个整体分割成一个个单独的“性状”似乎不太妥当，也是件不可能的事。因此，上文的“性状”其实是指在所有的情形之下，一对亲代个体在某个具体而明显的方面有差别（比如一个是蓝色眼睛，一个是棕色眼睛），而他们的后代在

① 即遗传学中的“连锁与互换定律”（law of linkage and crossing-over）。——译者注

这方面的特性继承了两方中的其中一方。我们在染色体上定位的点，实际上就是产生这种差异的位置［专业术语为“位点”（locus），而其假想的物质结构基础可以被称为“基因”（gene）］。我认为，真正的基本概念是性状的差异，而不是性状本身，尽管这种说法在语义和逻辑方面存在着明显的矛盾。性状的差异实际上是不连续的，下一章我们谈到突变时会展开说明。目前对遗传机制的描述尚且显得有些空泛，但我希望届时会描绘出一幅更为饱满生动、缤纷多彩的图景。

基因的最大体积

我们方才引入了“基因”这个术语，用以表示承载了明确遗传特征的假想物质载体。现在我们必须强调与我们的研究密切相关的两点。一是这种载体的尺寸，确切地说是最大尺寸。换言之，我们能将这种载体定位到多小的体积上？二是基因的持久性，它是从遗传样式的持久性中推演出来的。

目前，我们可以通过两种完全独立于彼此的方法来估算基因的体积：一种基于遗传学证据，即育种实验；另一种基于细胞学证据，即在显微镜下直接观察。理论上来说，前者是非常简单的。让我们以果蝇为例：先用我们之前提及的方式，在其特定的染色体上定位大量不同的（宏观）性状；用测得的染色体长度除以性状的数量，再乘以染色体横截面的面积，即可估算出染色体的体积。当然，我们只把那些偶尔会因染色体互换而分离的性状算作不同的性状，这样就能保证它们在微观或分子层面上的结构是不同的。另外，我们显然只能估算出体积的上限，因为随着科学工作的进展，通过遗传学原理分离出来的性状数量在持续增加。

至于另一种估算方式，虽然是在显微镜下直接观察，但实际工作远远不止字面意义上这么简单直接。果蝇体内的某些细胞（即唾液腺细胞），由于某些原因异常之大，细胞内的染色体亦是如此。在这些极大的染色体中，我们可以辨认出纤维上密集的横条状深色纹理。C. D. 达林顿[①]曾表示，这些纹路的数量（他的例子中是2 000条）虽然比通过育种实验在染色体上定位出的基因数量大得多，但大致是位于同一等量级的。他认为这些纹路实质上就代表着基因（或是不同基因间的分界线）。将正常大小的细胞中测得的染色体长度除以纹路的数量（2 000）后，他得出结论——每个基因的体积相当于一个边长为300Å的立方体。考虑到这种估算方法较为粗糙，我们可以认为它与第一种方法得出的体积值是接近的。

这个数目太小了

后面我再详细讨论统计物理学与上述所有事实的联系，更确切地说，是将统计物理学应用于活细胞的过程中，上述事实与这个过程的联系。现在我先请大家注意一下，300Å仅仅相当于液体中100个或150个原子的间距。因此，每个基因中包含的原子数目仅仅是百万的数量级。对于$\sqrt{n}$定律来说，这个数目太小了。根据统计物理学，往大了说是根据物理学原理，这个数目的原子无法使基因遵循有秩序、有规律的行为方式。即使所有的原子都像在气体或液滴中一样具有相同的功能，这个数字也还是太小了。而我们可以确定的是，基因的功能比一滴同质的液滴要复杂得多。它可能是一个很大的蛋白质分子，其中每个原子、每个

① 西里尔·迪恩·达林顿（Cyril Dean Darlington），英国生物学家、遗传学家和优生学家，发现了染色体互换机制及其意义。——译者注

自由基、每个杂环的作用都各不相同。无论如何，这是霍尔丹①和达林顿等顶尖遗传学家的观点，稍后我们将介绍非常接近于证实此观点的遗传学实验。

持久性

现在，让我们回到与我们的主题密切相关的问题之二：遗传性状的持久性有多强，携带它们的物质结构应当因此而具有什么特性呢?

其实无需专门的研究，我们就能给出这个问题的答案。我们一直在谈论遗传性状，而这件事本身就表明我们承认它们拥有几乎绝对的持久性。请别忘了，父母遗传给孩子的不仅仅是某个特定的性状，如鹰钩鼻、短手指、罹患风湿的倾向、血友病、红绿色盲等等。实际上，遗传下来的是“表现型”——即个体身上可见的明显特质的整个（四维）样式。生殖细胞结合形成受精卵后，这种四维样式通过这两个细胞中细胞核的物质结构代代相传，在几个世纪的遗传过程中不会发生显著的变化（不过若把时间线拉长到几万年，这种持久性就有待考量了）。这真是一个了不起的奇迹。只有一个奇迹比它更加伟大，二者虽然密切相关，却不在同一个层面上。另一个奇迹便是，尽管我们人类的全部存在都基于这种奇迹般的相互作用，我们却有能力习得关于它的大量知识。我认为随着这些知识的不断积累，将来我们很有可能完全理解第一个奇迹，而第二个奇迹也许大大超出了人类的理解力范畴。

① 约翰·伯顿·桑德森·霍尔丹（John Burdon Sanderson Haldane），英国遗传学家和进化生物学家，是种群遗传学的奠基人之一。他与俄罗斯科学家欧帕林分别提出了“有机物可由无机物形成”的假说，即后世所称的“欧帕林-霍尔丹假说”。——译者注

第三章

突变

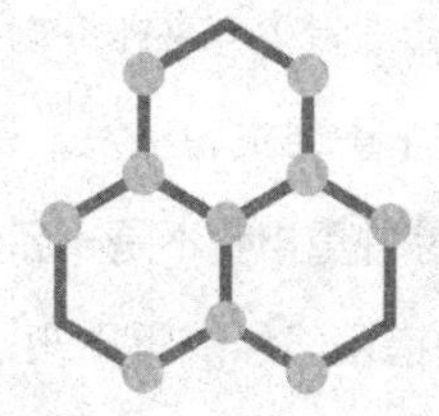

在游移现象之中漂浮的一切，

请用持久的思维使它们永驻。①

——歌德

① 此句出自歌德《浮士德》中“天上序曲”的结尾部分。对比了多个译本后，选用了钱春绮先生的译本。此处蕴含着柏拉图的哲学思想：世界分为现象世界和理念世界。现象世界倏忽变幻，理念世界才是永恒的存在。——译者注

“跳跃式”的突变——自然选择的基石

我们方才为论证基因结构的持久性所列举的普遍性事实，对大家来说也许过于熟悉，以至于无法夺人眼球，也无法令人信服。这一次，俗话说的“例外恰能反证规律的普遍性”[1]正好可以用在这里。如果子代与亲代之间的相似性没有例外情况，那么就不会有那些揭示了遗传机制细节的精巧实验，更不会有那些比人类实验声势浩大千百万倍的大自然的实验——通过自然选择和适者生存来锤炼物种。

请允许我从最后的这个重要主题出发，为各位介绍相关的事实。在此，我必须再次请求原谅并重申我不是一名生物学家。

时至今日，达尔文的错误已经众所周知：他错误地把在最纯的种群中也会出现的微小而连续的偶然差异视为自然选择的材料——而我们已经证明了这些差异是不会被遗传的。这一点非常重要，下面让我来简单说明一下。

取一捆纯种大麦，逐一测量每株麦穗上麦芒的长度；再把统计结果绘制成直方图，以麦芒长度为横轴，相应长度的麦穗数为纵轴，便可以得到一条如图7所示的钟形曲线。我们会发现，麦芒为中等长度的麦穗最多；以麦穗数的峰值为中心，比其长或短的麦穗数量顺着横轴两侧有规律地依次减少。现在选取一组麦穗，使其满足这样的条件：其麦芒长度明显超出平均水平，但数量却足够多，可以在地里播种并长出新的

① 出自拉丁谚语 exceptio probat regulam。——译者注

作物。图中标黑部分是被选取的样本。要是由达尔文来预测新长出的麦子的收成情况，他会认为上述钟形曲线会向右移动。说白了，他认为若选择麦芒较长的麦穗来播种，新一批麦子的平均长度会增加。但实际上，如果用作实验的是真正纯种的大麦，情况就不会如此：新的统计曲线会和原来那条一模一样。假如选择麦芒明显较短的麦穗来播种，也会出现相同的情况。这样的选择是无效的，因为微小的连续差异并不会被遗传下来。这些差异显然不是基于遗传物质的结构，而是偶然发生的。

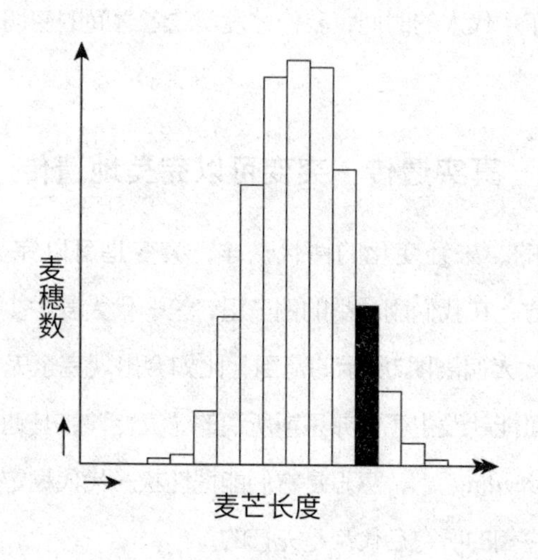

图7　纯种大麦的麦芒长度统计直方图。标黑的一组被选来播种新麦苗。（本图并非来自真实的实验数据，只是简单的示意图）

然而大约在四十年前，荷兰科学家德弗里斯[①]发现，即使在完全纯种样本的后代中，也会有极少数的个体（比如几万个样本中的两三个个体）发生微小而“跳跃式”的变化。我用“跳跃式”来形容，并不是指

① 雨果·马里·德弗里斯（Hugo Marie de Vries），荷兰植物学家，也是最早的遗传学家之一。他提出了基因的概念、突变理论、染色体互换学说。——译者注

变化之大，而是指变化之不连续：因为在未发生变化的正常个体和极少数发生变化的个体之间，没有中间形态。德弗里斯把它称为“突变”（mutation），其中的关键就在于不连续性。这让物理学家们想到了量子论：相邻能级之间没有中间能量。他们可能会把德弗里斯的突变理论形象地比喻成生物学中的量子论。稍后我们就会看到，这远不止是一个比喻。突变实际上就是由基因分子中的量子跃迁造成的。但是，在德弗里斯于1902年首次发表关于突变的发现时，量子论才刚刚诞生两年。难怪整整经过了一代人的时间，我们才发现二者之间的密切关联！

真实遗传：突变可以完美地遗传

与原始的、未经变化的性状一样，突变是可以完美地遗传下去的。打个比方，在我们刚才举的例子里，第一代大麦中少量麦穗的麦芒长度可能会大大偏离图7所示的范围，比如会出现完全无芒的麦穗。这些无芒麦穗可能就发生了德弗里斯所说的“突变”，其遗传方式为真实遗传（true breeding）[①]，意思是它们能把性状一代代稳定地遗传下去；也就是说，它们的所有后代都是无芒的。

因此，突变必定是源于遗传信息库的变化。由此推断，遗传物质必然发生了改变。实际上，大多数揭示了遗传机制的重要育种实验，都是根据事先制订好的计划，将突变（在许多情况下是多种突变）的个体与未经突变的个体或与发生不同突变的个体杂交，再仔细分析其后代的情况。另外，真实遗传中后代为纯种，因此突变个体是达尔文自然选择理论的合适材料：通过“适者生存、不适者淘汰”的方式，新物种得以

① 又译为“纯育”。——译者注

产生。如果我正确解读了大多数生物学家的观点，我们只需对达尔文的理论做出小小的修正：用“突变”替换他所说的“微小的变化”（正如在量子论中，用“量子跃迁”替换“能量的连续传递”），而理论的其他方面几乎无须改动[1]。

定位，隐性和显性

现在我还是以略带教条的方式，继续来回顾关于突变的其他基本事实与基本概念；先暂且不谈人们是如何从实验证据中逐一认识到这些事实和概念的。

明确可见的突变源于染色体上特定区域的变化，这是在我们意料之中的。事实也的确如此，但必须强调的是，在这种情况下，只有一条染色体发生了变化，而其同源染色体上相应的“位点”并没有发生改变。如图8所示，图中的十字叉“×”表示发生突变的位点。通过将突变个体（通常称之为“突变体”）与未突变个体杂交，我们就可以证明只有一条染色体产生了变异：因为在杂交后代中，恰好有一半表现出突变性状，另一半则表现出正常性状。这正是突变体在减数分裂过程中，同源染色体分离的结果。如图9的“谱系图”所示，连续三代的每一个个体都以图上这种一对染色体的形式简单示意出来。请注意，如果突变体的两条同源染色体都发生了变化，那么所有的子代都会获得同样的（混合）遗传物质，但与父母双方均不相同。

① 至于朝着有用或有利方向发展的显著突变倾向是否会有助于自然选择（前提是突变没有取代自然选择），学界已经充分讨论过。我个人对这个问题的看法并不重要；但有必要说明一下，后文中我们会忽略“定向变异”这种可能性。此外，我无法在此引入“开关基因”和“多基因”的概念，尽管它们对自然选择和进化机制非常重要。

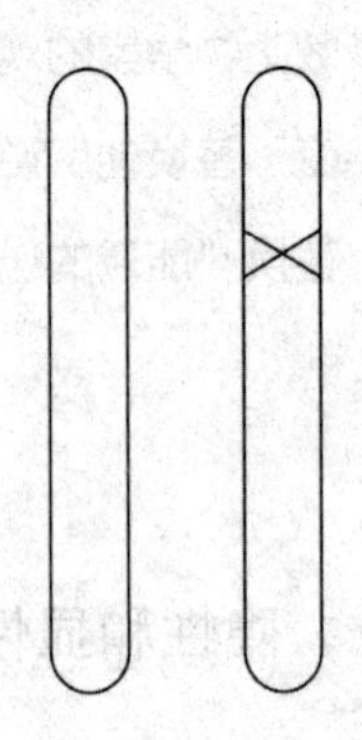

图8　杂合突变体。“×”表示发生突变的基因。

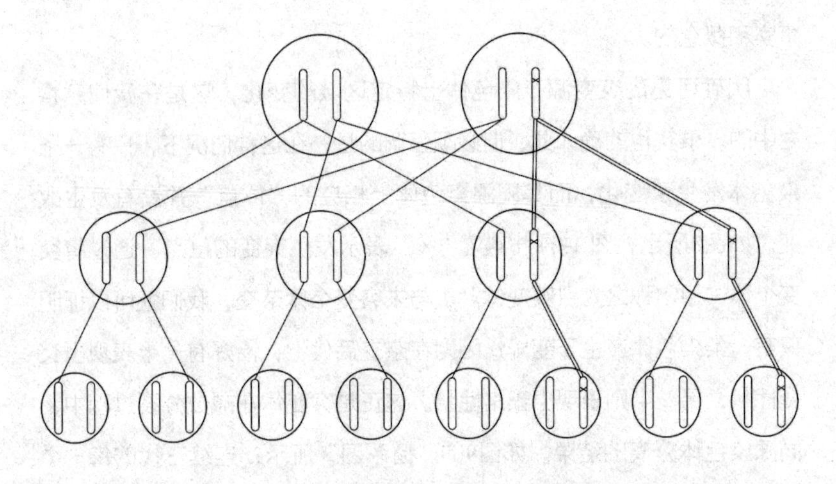

图9　突变的遗传。直线表示染色体的传递，其中双线表示突变染色体的传递。在第三代中，未被直线连接的染色体来自第二代的配偶（图中未画出），假定这些配偶与该谱系没有亲缘关系，也未发生突变。

但在实际操作中，这方面的实验远不止我们上面所说的那么简单。很多时候突变是隐藏的。这是另外一个重要的事实，它让事态变得复杂起来。这是什么意思呢？

在突变体中，两份“遗传密码本”的副本不再是毫无不同的了；至少在突变位点上，它们呈现出两种不同的“译法”，或者可以说是“版本”。我们也许应当马上指出，把原始版本视为“正统”而把突变版本看作“异端”的说法是大错特错的，尽管这种说法听起来很能说服人。原则上，我们必须平等地看待两种版本，因为所谓正常的性状最开始也是从突变中产生的。

实际上，个体的“样式”通常表现为正常或突变版本两者中的其中之一。被表现出的版本称为“显性”，而另一版本则称为“隐性”。换言之，根据突变能否立即改变子代的“样式”，可以把突变分为显性突变和隐性突变。

尽管隐性突变一开始完全不显现出来，但它比显性突变更为常见，而且也非常重要。隐性突变必须同时出现在两条染色体上才能影响到“样式”（见图10）。如果两个相同的隐性突变体碰巧杂交或者某一突变体发生自交，便会产生这样的个体。这种情况可能会在雌雄同株的植物中发生，甚至会自发产生。只要通过简单计算就能得出，在上述情况下，大约有四分之一的子代是能表现出可见突变样式的类型。

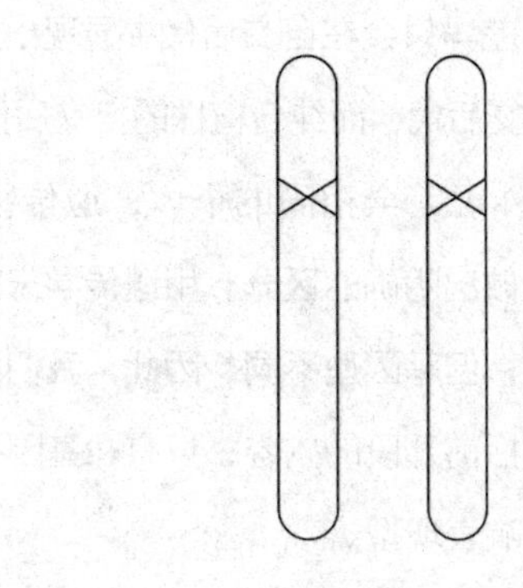

图10　纯合突变体。在杂合突变体（图8）自交或两个杂合突变体杂交产生的子代中，有1/4是纯合突变体。

介绍一些专业术语

为清楚起见，我想在这里解释几个专业术语。我上面提到的“遗传密码本的版本”，无论是原始版本还是突变版本，都能用“等位基因”（allele）这个词来表示。如果某个个体的两个“版本”不同（图8），我们则称其在该位点是杂合的（heterozygous）。当两个版本相同时（如未突变的个体或图10所示的情况），个体便在该位点为纯合的（homozygous）。因此我们可以这样说：只有在纯合的情况下，隐性等位基因才会影响到“样式”；而无论是纯合还是杂合的个体，都会由显性等位基因产生相同的样式。

相对于无色（或白色）的性状而言，有色的性状往往是显性。以豌豆为例，只有当它的两条染色体上都携带“负责白色性状的等位基因”时才会开白花，此时它是“白花纯合子”；遗传方式是真实遗传，即所有的后代也都开白花①。但是，如果豌豆的一条染色体上携带“红花等位基因”（另一条染色体携带白花等位基因，因此为“杂合”），它会开红花；当它有两个红花等位基因时（即“纯合”），情况相同。对于开红花的两种情况，它们的差异只会在自交后代中显现出来：杂合的红花植株会产生一些白色的自交后代，而纯合植株的自交后代均开红花。

现在我们知道，两个外观完全相同的个体，遗传物质可能有差异。这一点非常重要，必须做出明确的区分。用遗传学家的话来说，这两个个体具有相同的表现型，但基因型不同。因此，我们可以用高度专业化的表述来简明扼要地概括前几段的内容：只有在基因型为纯合的情况下，隐性等位基因才会影响表现型。

---

① 本段中指自交。豌豆是自花授粉，自然状态下是自交。——译者注

在后面的章节里，我们偶尔会运用到这些专业表述，但在必要时会再向读者提示其含义。

近亲繁殖的危害

只要隐性突变是杂合的，自然选择就对它无效。即使是有害的隐性突变（而突变往往是有害的），它们也不会被自然选择所淘汰，原因是相应的个体并不会表现出隐性突变所对应的性状。因此，许多不利突变可能会积累起来，而不会马上产生直接的危害。不幸的是，这些杂合隐性突变必然会遗传给一半的后代，这种现象对人类以及与我们切身相关的牲畜、家禽以及其他物种都有重大的影响。在图9中，假定一个雄性个体（比方说我）携带了有害的隐性突变，因为该突变是杂合的，所以不会显现出来。假设我的妻子并没有此突变，那么我们一半的孩子（图中第二行）也会携带这个杂合突变。如果我们的孩子与没有该突变的配偶（为避免混淆，图中并未标出）生育后代，那么平均而言，我们的孙辈将有四分之一携带突变基因。

隐性突变带来的危害并不会显现出来，除非两个携带此突变的个体繁育后代。发生这种情况时，通过简单计算可以得出，他们的后代中将会有四分之一的纯合个体表现出有害突变的相应性状。抛开自交的情况不谈（因为这只可能在雌雄同株的植物中发生），风险最大的事件便是我的儿子和女儿之间通婚。他们两人各有二分之一的概率携带隐性突变基因；而如果两人都带有隐性突变，那因乱伦结合产下的孩子中将有四分之一的概率有直接的危险。此时，直系血亲通婚生育的孩子表现出缺陷的风险率为$\frac{1}{16}$[①]。

按照同样的方法推算，如果我“血统纯正”的孙子或孙女（即堂表兄弟姐妹）通婚，其后代的风险率为$\frac{1}{64}$。这个概率看上去并不算太大，在现实生活中，这种情况通常也是可以被接受的。但是请别忘了，我们上面只分析了祖父母（“我和我的妻子”）中的其中一方仅携带一种隐性突变的情况。事实上，双方都可能携带不止一种潜在缺陷。如果你明确知道自己携带一个隐藏的缺陷，那么要切记，在你的堂（表）兄弟姐妹中，每8个人中就有1人也会携带它！动植物实验表明，除了相对罕见的严重缺陷，似乎还存在一些次级缺陷；这些次级缺陷相互结合，使近亲繁殖的后代质量总体下降。

在当今社会，我们已经不再像古代斯巴达人那样用残忍的方式淘汰有缺陷的孩子，把不合格的婴儿扔下泰格特斯（Taygetos）山谷[②]。正因如此，我们更应该严肃对待这个问题，因为优胜劣汰的自然选择作用在人类身上被大大削弱，甚至可以说是朝着相反的方向进行。上古时期，战争会让适应力最强的部落生存下来，从而可能还具有一些正面的价值；而现代战争大规模屠杀各国的健康青壮年，产生了逆选择效应，负面影响远远超出了所谓的“正面价值”。

对遗传定律普适性和历史的一些评注

在杂合的情况下，隐性等位基因因完全被显性基因压制而不会显

① $\frac{1}{2}\times\frac{1}{2}\times\frac{1}{4}=\frac{1}{16}$。——译者注

② 普鲁塔克在《希腊罗马名人传》中写道，古代斯巴达规定父母不能按自己的意愿抚养婴儿。长老会代表国家检查所有男性新生儿，并把有缺陷的婴儿扔下泰格特斯山的深渊。——译者注

现出任何性状，这一点真是令人啧啧称奇。不过我至少应该在此提一下这个规律的例外情况。以金鱼草为例，纯合的白色金鱼草与同样纯合的深红色金鱼草杂交后，所有的直系后代颜色都介于两者之间，即为粉红色（而不是我们预测的深红色）。还有一种更为重要的情况，即两个等位基因可以同时影响血型。但这种情况比较复杂，我们无法在这里展开讨论。如果科学家最终发现“隐性”也有程度之分，并且取决于与“表现型”相关的测试的灵敏程度，我也丝毫不会感到惊讶。

书至此处，是时候谈谈遗传学的早期历史了。遗传学的理论支柱是亲代的不同性状在连续数代中的遗传定律，尤其是显隐性的重要分别，而这全都归功于如今享誉四海的圣奥古斯丁修道院（Augustinian）院长格雷戈尔·孟德尔（Gregor Mendel, 1822—1884）。孟德尔对突变和染色体一无所知。在他坐落于布隆（德语Brünn，捷克语为Brno，今捷克共和国的布尔诺市）的修道院花园里，孟德尔对豌豆展开了实验。他培育了不同的豌豆品种，将它们杂交并观察其第1、2、3……代子代。可以说，他是在用大自然中现成的突变体做实验。早在1866年，他就在布隆的自然研究学会会刊上发表了相关研究成果。但当时似乎并没有人对这位修道院院长的业余爱好特别感兴趣，当然也无人能预料到在不远的20世纪，他的发现将会如同北极星一般，指引一个冉冉升起的、甚至可以说是目前最引人入胜的全新科学分支。孟德尔的论文被他的时代所遗忘，直到1900年，才在同一时期被科伦斯①、德弗里斯和切尔马克②三人分别在柏林、阿姆斯特丹和维也纳重新发现。

① 卡尔·科伦斯（Carl Correns），德国植物学家和遗传学家。除了重新发现孟德尔的成果，科伦斯还为核外遗传的研究做出了重要贡献。——译者注

② 埃里克·冯·切尔马克（Erich von Tschermak），奥地利农学家，培育了多种杂交抗病作物。——译者注

为什么突变的罕见性是有必要的?

到目前为止，我们主要把注意力集中在了有害突变上，因为这种情况可能更为普遍。但必须明确指出，我们确实也遇到过有利的突变。如果说自发产生的突变是物种进化的一小步，那我们可能会得到这样的印象：物种在冒着伤害自身的风险以一种相当随意的方式“试错”。假如突变确实是不利的，那么相应的个体就会被自动淘汰。这就引出了非常重要的一点：突变必须是一种罕见事件（现实中也确实如此），才能成为自然选择的合适材料。假设突变现象发生得非常频繁，比方说在同一个个体身上同时发生十几种不同的突变的概率很高，这样一来，有害突变就会压制有利突变，这个物种非但不会通过自然选择得到进化，反而会停滞不前，甚至逐渐式微。因此，自然选择的关键就在于基因的高度持久性导致了相对保守的变化。我们可以用大型工厂里的制造车间作类比。为了开发出更好的生产方式，管理层必须尝试各种各样的新方法，哪怕这些创新尚未被实践证明。但为了检验创新究竟是提高还是降低了产量，每次只能引进一种新技术，而生产过程中的其他模式保持不变。[1]

X射线诱发的突变

现在，我要向读者回顾遗传学中最为巧夺天工的一系列研究工作，事实证明，它们与我们的分析关系最为紧密。

通过用X射线或γ射线照射亲代，可以使子代的突变率（即发生突

---

① 即“控制变量法”。——译者注

变的百分比）比在自然条件下的突变率提高好几倍。除了数量更多，以这种方式诱发的突变与自发产生的突变没有任何区别。因此，人们会有这种感觉，每一个“自然”的突变也能被X射线诱发。在人工培育的果蝇实验中，许多特殊的突变反反复复地自发产生；人们已把这些突变在染色体上定位（见第二章），还为它们命了名。人们甚至发现了所谓的“复等位基因”，意思是除了原先未突变的基因，在染色体“密码本”的同一个位置上还存在两个或多个不同的“版本”或“译法”。这意味着在这个特定的“位点”上，可能的选项不止有两个，而是有三个甚至更多个。如果其中任意两个等位基因同时出现在两条同源染色体对应的位点，那它们彼此之间便是“显—隐性”的关系。

这些通过X射线诱发突变的实验显示，每一个特定的“转化”过程，例如从正常个体转化到特定的突变体（或相反），都有其相应的“X射线系数”。这个系数反映了在子代出生以前，使用一个单位剂量的X射线照射亲代后，子代产生该突变的百分比。

第一定律：突变是单一事件

此外，诱发突变率所遵循的规律极为简单，并且极具启发性。我依据的是N. W. 季莫菲耶夫[1]在《生物学评论》（*Biological Review*）1934年第6卷上发表的报告，这篇报告中相当大的一部分内容引自作者自己的非凡工作。第一条定律是：

突变率的增长与辐射剂量成严格的正比例关系，因此确实存在一

① 季莫菲耶夫（Nikolay Vladimirovich Timofeeff-Ressovsky），苏联生物学家，其传奇人生被文学家格拉宁写进小说《野牛》中。薛定谔参考的文献是季莫菲耶夫于德国工作期间发表的《突变的实验性产生》（*The Experimental Production of Mutations*）。——译者注

个增长系数（正如我之前所说）。

我们对简单的比例关系习以为常，因此往往低估了这一简单规律的深远影响。为了理解这一点，你可以试着回忆一些在现实生活中常常出现的情形。譬如，商品的总价并非总是和数量成比例的。比方说你去商店里买6个橙子，但最后决定再买6个，即整整一打橙子。店主可能会给你打个折，因此你实际付的价钱比6个橙子的两倍要低一些。如果货源短缺，则可能会出现相反的情况。回到突变的例子，假设前一半的辐射剂量导致了1 000个子代中的其中一个发生突变，其他的子代却并不会受到影响，其突变倾向既不会增加也不会减少。否则，后一半辐射剂量就不会正好也诱发千分之一的突变体。因此，突变并不是一种累积效应，连续的小剂量辐射不会强化辐射效果并导致突变率上升。突变必定是辐射过程中发生在单条染色体上的单一事件。那么，是什么样的事件呢？

第二定律：事件的局域化

第二条定律可以回答这个问题，即：

从较软的X射线到较硬的γ射线，在这段广泛的波长范围内，只要射线的剂量（以伦琴单位r①计）相同，突变系数便保持不变。

相同剂量的定义为：选取适当的标准物质，在亲代接受辐射的地点照射与此物质相同的时长，使每单位体积内因辐射产生的离子量相同的辐射剂量。

我们选取空气作为上述的“标准物质”。这不仅仅是出于方便的考量，还因为构成生物体组织的元素与空气有着相同的平均原子质

---

① 一个伦琴单位r的定义是在0摄氏度，760毫米汞柱气压的1立方厘米空气中，造成1静电单位（3.3364×10^{-10}库仑）正负离子的辐射强度。1伦琴单位=2.58×10^{-4}库仑/千克。——译者注

量[①]。将空气中的电离量与密度比相乘，便可以得到组织内的电离量或伴随过程（激发）的数量下限[②]。事实已经摆在眼前，导致突变的单一事件，便是在生殖细胞的某个“临界”体积内发生的电离（或类似过程）。这也已被更为重要的研究所证实。

那么，这个临界体积是多大呢？根据观察到的突变率，我们可以这样估算：如果说在使用每立方厘米50 000个离子的辐射剂量时，所有（在辐射区域内）的配子以特定方式发生突变的概率为1/1 000，那么临界体积（即电离作用必须“击中”才能导致突变的“靶”区域）为1/50 000立方厘米的1/1 000，即1/50 000 000立方厘米。这个数字仅作举例说明之用，并不是真实的实验数据。在实际估算时，我们参考的是马克斯・德尔布吕克[③]与N. W. 季莫菲耶夫和卡尔・齐默[④]合作发表的一篇论文[⑤]。这篇文章也是下面两章将要展开论述的理论的主要来源。据德尔布吕克估计，临界体积的大小仅相当于边长约为10个平均原子距离的立方体，即其中只包含10^3（1 000）个原子。对这一结果最简单的解读是，如果电离（或激发）发生在染色体特定位点不超过“10个原子的距离”之内，就很有可能造成突变。接下来，我们会进一步讨论这一点。

季莫菲耶夫的报告中暗示了一个具有现实意义的信息，尽管它与我们现在的讨论关系不大，但我忍不住要在此顺带提一提。现代社会

---

① 空气的平均分子量约为29（平均原子量为14.5），人体的平均原子量约为14.1，只能说是大致相同。——译者注

② 之所以只给出下限，是因为其他的过程也可能产生突变，但不在电离检测的范围之内。

③ 马克斯・德尔布吕克（Max Delbrück），德裔美籍生物物理学家，因发现病毒的复制机制和遗传结构，与其他两名科学家共同获得1969年诺贝尔生理学或医学奖。——译者注

④ 卡尔・齐默（Karl Günter Zimmer），德国物理学家和放射生物学家，因研究电离辐射对DNA的影响而闻名。——译者注

⑤ Nachr. a. d. Biologie d. Ges. d. Wiss. Gottingen, I（1935）, 189。

中，我们在很多时候都会受到X射线的辐射。X射线带来的直接危害是众所周知的，例如烧伤、辐射引起的癌症、绝育等，因此人们使用铅屏、铅服等措施来防护，尤其是那些长期与X射线打交道的医生和护士。问题是，尽管我们能够成功抵御上述对身体的直接伤害，但间接的危害仍然在所难免。生殖细胞会发生微小的有害突变，即我之前在“近亲繁殖的危害”一节中提及的那些突变。夸张点说（尽管这种说法或许有些幼稚），如果一对近亲通婚的堂（表）亲的祖母曾经长期担任X射线护士，那么他们的后代表现出有害突变性状的风险就很有可能增加。就个人而言，这并不是一个值得担忧的问题。但对于全社会来说，这种可能逐渐入侵整个人类种群的隐性有害突变是需要当心的。

第四章

量子力学的证据

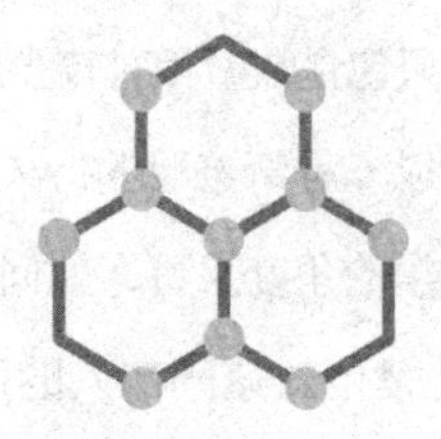

而你的精神之最高的火焰

已有足够的譬喻，足够的观念。①

——歌德

① 本句出自歌德于1816年创作的《序曲》(*Prooemion*)。此处引用了绿原先生的译文。——译者注

经典物理学无法解释的持久性

借助X射线这一神奇又精妙的工具（物理学家们应该都记得，在30年前，人们正是通过X射线发现了原子晶格结构的细节），生物学家和物理学家经过共同努力，再次成功缩小了决定个体宏观特征的微观结构（即“基因”）的尺寸上限。现在，这个上限比我在第二章中“基因的最大尺寸”一节提及的估计值要小得多。当今阶段我们面临一个严肃的问题：基因的结构中似乎只包含数量相对较少的原子，数量级为1 000，甚至可能更少。但它却能以一种奇迹般的持久性维持着极其有规律、有秩序的活动。从统计物理学的角度来看，如何调和这种矛盾？

请让我举个例子，让诸位对这一惊人的奇迹有个直观的感受。哈布斯堡王朝的一些皇室成员患有一种特殊的下唇畸形，人称“哈布斯堡唇”。在皇室的支持下，维也纳帝国学院对这种遗传展开了细致的研究，并附上了哈布斯堡家族的历代肖像画。研究结果表明，相对于正常唇形，“哈布斯堡唇”是真正的孟德尔式“等位基因”所导致的性状。你要是去仔细观察16世纪的某位家族成员与他生活在19世纪的后裔的肖像画，便有充分的理由推断出，造成这种异常外表的物质结构（即基因），已经代代相传了好几个世纪；在代与代之间为数不多的细胞分裂过程中，这个基因每一次都得到了忠实的复制。此外，相应基因结构中的原子数量很可能与X射线实验结果得出的数量级相符。在这整个期间，环境温度一直保持在98华氏度[1]左右。经历了几个世纪的世事变迁，该基因始终没有受到无规则的热运动干扰，这是怎么回事呢？

对于一位上世纪末的物理学家来说，如果他打算仅凭那些他能够解释并且真正理解的自然定律来回答这个问题，那么一定会感到束手无策。实际上，对这种统计学情况稍加思索后，他也许会给出这样的答案：这些物质结构只能够是分子。我们后面将会看到，他的回答确实是正确的。在当时的化学界，科学家们已经普遍认识到了这种原子团结构的存在，以及它们有时表现出的高度稳定性。但是，这种知识完全是经验性的。分子的本质尚不为人知，而使分子维持稳定形状的原子间的强相互作用，对所有人来说都是个谜。物理学家的回答其实是正确的，但倘若只把神秘的生物稳定性追溯到同样神秘的化学稳定性，那么这个答案的价值就非常有限了。如果我们尚未理解某种原理，却要证明上面两种看起来相似的稳定性都是基于这个原理，那这种论证必然是没有说服力的。

可以用量子论来解释

我们可以用量子论来解释上面的问题。根据我们已经掌握的知识，遗传机制不仅与量子论有着密切的关系，甚至可以说它就是建立在量子论的基础之上的。量子论由马克斯・普朗克[2]于1900年提出；而现代遗传学最早可以追溯到德弗里斯、科伦斯和切尔马克重新发现孟德尔的论文（1900），以及德弗里斯发表关于突变的论文（1901—

① 约为36.7摄氏度。——译者注

② 马克斯・普朗克（Max Planck），德国物理学家，量子力学的创始人。著名的"普朗克常数"便是以他的名字命名的。——译者注

1903）。这两个伟大的理论几乎是同时诞生的，无怪乎只有等到它们都相对成熟后，人们才能看出二者之间的联系。在量子论方面，人们花了超过四分之一个世纪的时间；直到1926年至1927年，瓦尔特·海特勒和弗里茨·伦敦才提出把量子观引入化学键的基本原理[①]。海特勒-伦敦理论涉及量子论最新进展中最为精妙复杂的概念（即“量子力学”或“波动力学”）。要解释这个理论，我们必须用到微积分；如果不用微积分，我们至少要花上与本书相当的篇幅才能把问题讲清楚。所幸的是，相关的科研工作现已全部完成。现在我们可以理清思路，更为直截了当地指出“量子跃迁”和突变之间的关系，并挑出其中的重点详细阐释。这正是我接下来力图去做的事。

量子论——离散态——量子跃迁

量子论最重大的发现是“自然之书”的本质是离散化的，而当时普遍的观点是，所有不连续的事物都是荒谬的。

不连续性的第一个例子是能量。宏观物体的能量变化方式是连续的，例如单摆在空气阻力的作用下，摆动的速度不断变慢。奇怪的是，我们不得不承认，在原子尺度上系统的行为方式有所不同。根据某些原因（恕我无法在此详细阐释），我们必须假定，由于其固有属性，微观系统的能量只能为一些特定的离散值，这就是系统特有的“能级”。系统在态与态之间的转化高深莫测，人们通常称之为“量子跃迁”。

---

① 瓦尔特·海特勒（Walter Heinrich Heitler），德国物理学家，在量子电动力学和量子场论领域有突出成就。弗里茨·伦敦（Fritz Wolfgang London），德国物理学家，对化学键理论和分子间作用力（伦敦色散力）做出了巨大贡献。海特勒-伦敦模型解释了氢分子成键，是首次把量子力学引入化学键的理论。该理论经过推广和发展，成为了价键理论。——译者注

然而，能量并不是系统的唯一特征。再以单摆为例，但这次具体一些，请想象天花板上悬下一条绳子，上面系着一个重球。它能以不同的方式摆动，既可以沿东西向、南北向或其他任意方向直线摆动，也可以沿着圆形或椭圆轨迹画圈。用风箱轻轻吹动球，便能使它从一种运动状态连续地转变到另一种运动状态。

就微观系统而言，大多数诸如此类的特征（请恕我还是无法展开叙述）都是不连续的变化。如同能量一样，它们是“量子化”的。

结果是，当几个原子核（连同环绕它们的电子“保镖”）相互靠近并形成“一个系统”的时候，囿于其自身的性质，它们无法采取我们能够想象的任意构型（configuration）。其固有属性决定了它们只能从大量离散的“状态”中择一而从之[①]。我们通常称这些状态为“级”或“能级”，因为能量是这些状态中非常关键的特征。但是，这些状态除了能量还有许多其他的特征，这是我们作全面性叙述时所要注意的。事实上，一个状态应该被视为所有微粒的某种明确构型。

从一种构型转化为另一种构型的过程被称为量子跃迁。如果后一种构型拥有更多的能量（“更高的能级”），那么系统必须要从外界获得不少于两个能级差值的能量，转化才能发生。而向较低能级的转化可以自发产生，多余的能量将以辐射的形式释放出来。

分子

在一组特定原子的一系列离散态中，有可能（但不一定）存在一

① 在这里，我选择了较为通俗的说法来描述，它足以满足此书的需求。但我也不禁担心，这种简略的说法会造成误解，使得错误被延续下去。实际的情况要复杂得多，因为系统的状态偶尔也会有不确定性。

个最低能级，此时原子核彼此之间靠得很近。在这种状态下的原子就形成了一个分子。要强调一点，分子必然有着一定程度的稳定性；除非从外界获得“提升”到下一个更高能级所需的能量，否则其构型将不会改变。因此，用这个有良好定义的能极差，可以量化描述分子的稳定程度。我们接下来将会看到，上述事实与量子论的基础（即能级的离散化）之间的联系是多么紧密。

请读者放心，这些概念已经得到了化学事实的彻底验证；它们能成功解释化合价的基本模式，以及分子的具体结构、结合能、在不同温度下的稳定性等等。以上正是海特勒-伦敦理论的内容，而如我之前所说，无法在此展开论述。

分子的稳定性取决于温度

下面来探讨我们所研究的生物学问题中最重要的一点，即分子在不同温度下的稳定性。假定原子系统在一开始处于最低能态，物理学家会将其称为一个处于绝对零度的分子。若想把它提升到更高的态或能级，则需要为其提供一定的能量，能量的值是确定的。最简单的供能方式便是“加热”这个分子。把分子置于温度更高的环境之下（“热浴”），便可以促使其他系统（原子和分子）去撞击它。由于热运动的完全无规律性，所以并不存在一个特定的临界温度，能确保在此温度下分子立刻提升到下一能级。相反，除了绝对零度，这种提升在任意温度下都有可能发生，只是概率的大小不同；当然，“热浴”的温度越高，能态提升的概率就越大。描述这种概率最恰当的方法是引入“期望时间”的概念，即提升所需的平均时间。

根据迈克·波拉尼[1]和尤金·维格纳[2]的研究成果[3]，“期望时间”主要取决于两种能量之间的比值：一种是能态提升所需的能量差（以W表示），另一种用来刻画特定温度下热运动的强度（T表示绝对温度，kT表示特征能量）[4]。我们可以认为，能态提升的概率越小，期望时间便越长，与平均热能相比能量的变化就越大（即W：kT的比值越高）。不可思议的一点是，W：kT只要产生极其微小的改变，就会导致期望时间发生显著的变化。举个德尔布吕克使用过的例子：如果W是kT的30倍，那么期望时间只有0.1秒；如果W是kT的50倍，期望时间就会变成16个月；当W为kT的60倍时，期望时间则会提高至3万年！

一段数学插曲

我们已经知道，期望时间对能级间距或温度的变化极为敏感。为满足对此感兴趣的读者的好奇心，我不妨来用数学语言解释其中的原因，并补充一些相关的物理学说明。原因在于，期望时间t是以指数函数的形式随W/kT变化的，公式为：

$$t=\tau e^{W/kT}$$

---

① 迈克·波拉尼（Michael Polanyi），匈牙利–英国通才，涉足物理化学、经济学和哲学领域。他在物理化学领域的成就包括化学动力学、X射线衍射和固体表面气体吸附等。——译者注

② 尤金·维格纳（Eugene Wigner），匈牙利–美国理论物理学家及数学家，因其“对原子核与基本粒子理论的贡献，尤其是基本对称原理的发现与应用”，成为1963年诺贝尔物理学奖的获奖者之一。——译者注

③ *Zeitschrift für Physik*, Chemie (A), Haber-Band (1928), p. 439.

④ 其中k为常数，即波尔茨曼常数；$3/2kT$为绝对温度T下一个气体分子的平均动能。

其中，τ是数量级为10^{-13}或10^{-14}秒的微小常数。这个特殊的指数函数并非偶然产生，它在热统计理论中反复出现，是该理论的核心。它衡量了在系统的某个特定部分偶然聚集数值为W的能量的难度。当W对于“平均能量”kT的倍数提升时，这种难度就大大增加了。

实际上，$W=30kT$（参见我在上一小节使用的例子）的情况已经非常罕见。它并未导致极长的期望时间（在该例子中只有0.1秒），因为系数τ非常小。系数自身也有着物理学意义，其大小与系统中持续发生的振动的周期处于同一数量级。你大致可以把这个因子理解为系统中“每一次振动”积累所需能量W的概率。尽管它非常小，每秒却会出现10^{13}或10^{14}次振动。

第一项修正

在我们用上述理论来解释分子稳定性的时候，就已经默认了这种情况：我们称之为“提升”的量子跃迁，即使不能使原子团完全解体，至少也会导致其构型发生本质上的变化。这便是化学家们所说的“同分异构分子”，即由相同原子组成、但原子排列方式不同的分子（应用到生物学中，同分异构体表示位于同一“位点”上的不同“等位基因”，而量子跃迁则表示一次突变）。

要使这种解读成立，我们必须在上面的说法中做两点修正；之前我刻意简化了整个理论以方便读者理解。按照我原先的阐释，大家可能会以为原子只有在处于最低能级的情况下才能构成分子，而占据下一个更高能级后，它们会形成一种“其他的东西”。事实并非如此。其实，在最低能级后还紧跟着一系列密集的能级，这些能级总体上并不对应任何明显的构型改变，而是仅仅对应于我方才提及的原子的微小振动。这些能级也是“量子化”的，但相邻能级之间的能量跨度相对较小。因此，在较低温度的“热浴”中微粒的撞击也能导致这种能级跃迁。如果分子的结构较为狭长，那么你可以把这种振动想象为某种高频声波，能够穿过分子而不造成任何影响。

因此，第一项修正并不大：我们无须考虑能级体系中“振动精细结构”（vibrational fine-structure）。所谓“下一个更高能级”这个概念，应该理解为下一个改变分子构型的能级。

第二项修正

第二项修正解释起来则困难得多，因为它牵涉到能级体系中较为复杂但至关重要的特征。就算得到了跃迁所需的能量，两个能级之间的自由通道仍然可能受阻。事实上，甚至在从高能级跃迁到低能级时，这种情况也有可能发生。

让我们从实验性事实开始分析。化学家们都知道，同一组原子能以多种方式结合成一个分子。我们称这些分子为同分异构体（isomeric，意为“拥有相同的部分”；希腊语中，ίσοζ意为“相同的”，μέροζ意为“部分”）。同分异构现象不是特例，而是常态。分子越大，可能的同分异构体就越多。图11是一种最简单的同分异构情况，两种丙醇的同分异构体都由3个碳原子（C）、8个氢原子（H）和1个氧原子（O）组成[①]。氧原子可以插在任意的氢原子和碳原子之间，但只有图中所示的两种情况是不同的物质。它们确实大相径庭，二者所有的物理常数和化学常数都有着显著的区别。它们的能量也不同，因而

① 在讲座中，我展示了相关模型，其中C、H、O分别用黑色、白色和红色的木球表示。这里我并未附上图片，因为它们并不见得比图11更接近分子的原貌。

代表了“不同的能级”。

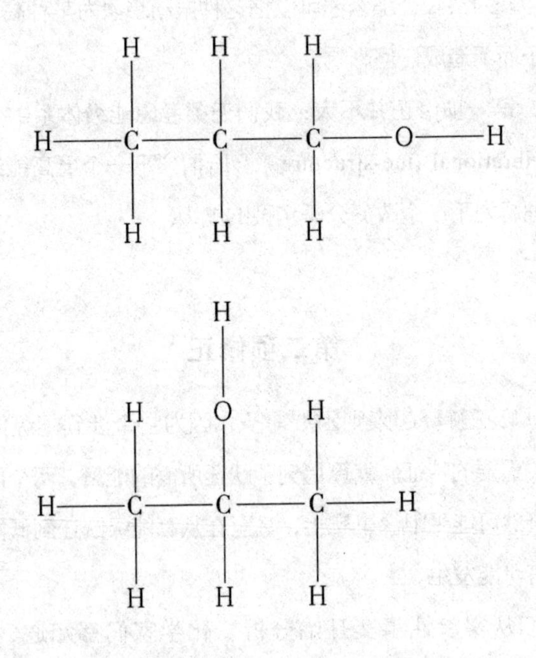

图11　丙醇的两种同分异构体

值得注意的是，这两种分子都极其稳定，均表现得如同处于“最低能级”一般。二者之间无法自发地进行相互转化。

原因在于，这两种构型并不是相邻的。从一种构型转化为另一种构型，只能经过某种“中间构型”，而中间构型的能量比二者都大。说白了，必须先把氧原子从一个位置提出来，再插入到另一个位置。如果不经过这个能量高得多的中间构型，就几乎无法达成目的。这种情况可以用图12直观形象地表现出来：其中1和2表示两种同分异构体，3是它们之间的“壁垒”；两条箭头则为“能量提升”，表示由状态1到状态2

（或相反过程）所需要的能量。

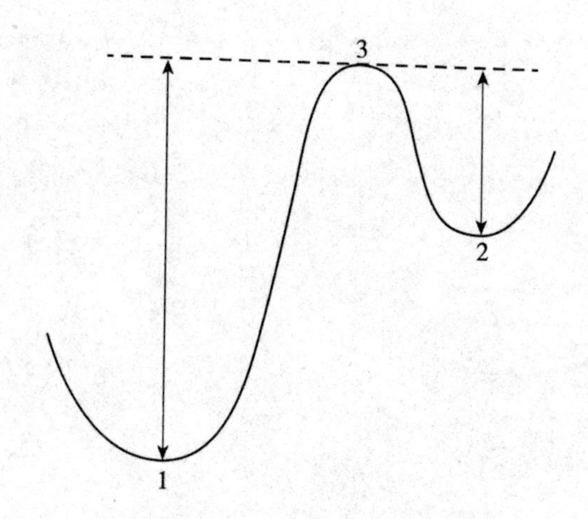

图12　同分异构体能级1和2之间的能垒3。
箭头标示了1与2相互转化所需的最小能量。

现在，让我们再回到“第二项修正”：在生物学应用中，这种“同分异构体”之间的转化是我们唯一需要关注的问题。在本章前面部分解释“分子稳定性”的时候，我指的就是这种转化。而我们所说的“量子跃迁”，便是从一种相对稳定的分子构型转化为另一种的过程。转化所需的能量（用W表示）并不是两个能级间实际的能量差，而是初始能级与阈值之间的差值（见图12中的箭头）。

初态和终态间若是不存在“能垒”（Energy threshold），这样的转化就不值得劳烦我们费心。这不仅对我们目前讨论的生物学应用方面，甚至对分子的化学稳定性而言，都没有任何意义。为什么呢？因为没有持久的效应，无法引起人们的注意。这种跃迁一旦发生，由于没有任何中间障碍，分子马上就会回到初态。

第五章

对德尔布吕克模型的讨论与检验

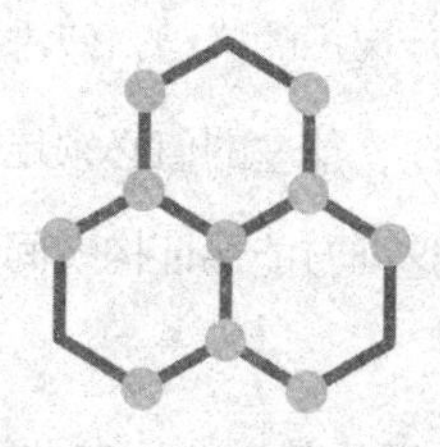

正如光明之显示其自身并显示黑暗，所以真理既是真理自身的标准，又是错误的标准。[1]

——斯宾诺莎，《伦理学》第二部分，命题 43

① 作者此处引用的是拉丁文原文：Sane sicut lux seipsam et tenebras manifestat, sic veritas norma sui et falsi est。译文引用了贺麟先生的译本。——译者注

遗传物质的总图景

我们之前提出过一个问题：这些由相对较少的原子组成的结构（即遗传物质）持续暴露于热运动之中，是否能够长久地承受其干扰？我们在上文中谈到了一些事实，它们给出了一个非常简单的答案。假设一段基因的结构是一个巨大的分子，它只能发生不连续的变化：分子中的原子重新排列组合，成为一个与之同分异构的分子[①]。原子的重新排列可能只发生在基因上一片很小的区域，但排列的方式可能有很多种。与一个原子的平均热能相比，能垒的值必须足够高，才能分隔开分子的原始构型和同分异构体，这样方能保证构型间的转化是罕见的。这些罕见事件就是自发突变。

上面对基因与突变总图景的描述，主要来自德国物理学家德尔布吕克。在本章中，我们将与遗传学事实进行细致的对比，来检验这种图景是否正确。在此之前，我先来适当地评述一下该理论的基础和一般性质。

这种图景的独特性

对于这样一个生物学问题，我们真的有必要刨根问底，在量子力学里找答案吗？我敢说，就一段基因是一个分子的猜想，当前的学界已

① 为方便起见，我将继续把其称为同分异构体的转化，尽管我们不能排除基因与环境之间进行物质交换的可能性。

经达成了普遍共识。很少有生物学家持反对意见，无论他们是否熟悉量子论。在第四章“经典物理学无法解释的持久性”一节，我们冒昧地借一位量子论出现之前的经典物理学家之口提出，只有这种说法才能合理解释我们所观察到的基因持久性。接下来，我们谈到了同分异构体和能垒，以及$W:kT$在同分异构体转化的概率中起到的关键作用。这些概念都可以用纯粹经验的方式来解释，无须涉及量子理论。那么，我在明知这本小书无法彻底解释清楚量子力学、甚至还可能让读者感到乏味的情况下，为什么还如此固执地坚持量子力学的观点呢？

因为，量子力学是首个通过第一原理来解释自然界中实际出现的各种原子团的理论模型。海特勒-伦敦键是该理论中独一无二的内容，但它并不是为解释化学键而提出来的。它以一种极其有趣又令人费解的方式诞生，而出于全然不同的考量，我们不得不接受它。事实证明，海特勒-伦敦理论完全吻合我们观察到的化学现象；而且正如我所说，它是独一无二的。如今我们已对它有了足够深入的了解，因此可以相当肯定地说，在量子论今后的发展中“这种事不可能再次出现了”。

现在我们有把握断言，除了将遗传物质解释为分子，我们并没有其他的选择。在物理学方面，没有任何其他理论能解释遗传物质的持久性。如果德尔布吕克的理论最终被证明是错误的，那我们只能承认失败，从而放弃进一步的努力了。这是我想说的第一点。

一些传统的误区

但有人也许会产生疑问：难道除了分子，就没有其他由原子组成的稳定结构了吗？我们难道没有见过这样的例子，在坟墓中深藏了数千年的金币，金币上面的肖像不仍然栩栩如生吗？诚然，金币是由大量的原子组成的，但上述历经漫长岁月仍保持外形的情况并非基于大量原子的统计规律。镶嵌在岩石中排列得整整齐齐的水晶，历经数个地质年代都未曾改变，其中的道理是相同的。

这便引出了我想说明的第二点。无论是分子、固体，还是晶体，它们其实并没有什么不同；根据我们目前已掌握的知识，它们本质上其实是一样的。遗憾的是，学校仍在教授一些传统的观点，这些观点早已过时多年，为事情的真相蒙上了一层面纱。

的确，我们在学校里学到的关于分子的知识并没有让我们感觉到，它们更接近于固态而不是液态或气态。相反，我们学会了仔细区分物理变化和化学变化。在诸如熔化和蒸发的物理变化过程里，分子并不会发生改变（因此无论是固态、液态，还是气态的酒精，都由相同的C_2H_6O分子组成）。而在化学变化中，原子会重新排列组合，构成新的分子。例如，酒精燃烧的化学反应方程式为：

$$C_2H_6O + 3O_2 = 2CO_2 + 3H_2O$$

其中，一个酒精分子和三个氧分子重新组合，形成两个二氧化碳分子和三个水分子。

至于晶体，学校教给我们的是它们由三维的周期性晶格构成，我们有时能在这些晶格中分辨出单个分子。酒精和大多数有机化合物都是这种情况。而在其他类型的晶体中，例如岩盐（即氯化钠，NaCl），我们就无法清晰识别出单个氯化钠分子；因为每个钠原子周围都对称地排列着6个氯原子，反之亦然，故而我们几乎可以这样说，任意两个相邻的钠原子和氯原子组成了一个氯化钠分子（如果真的可以把它称为“分子”的话）。

最后我们还知道，固体可能是晶体，也可能是非晶体；后者我们称之为无定形固体。

物质的不同“态”

我并不会走极端，声称上述的说法和区分都大谬不然。在实践中，它们有时还是很有用的；但我们必须以全然不同的方法划分物质结构本质上的界限。其根本区别在于以下两行“等式”：

分子 = 固体 = 晶体

气体 = 液体 = 非晶体

我们来简单解释一下上述说法。所谓的非晶形固体，要么不是真的非晶态，要么不是真的固体。人们用X光在“非晶态”木炭纤维中找到了石墨晶体的基本结构。因此，木炭既是固体，也是晶体。而如果我们无法在某种物质内部找到晶体结构，我们则必须把该物质视为“黏度”（内摩擦）极高的液体。这种类型的物质没有固定的熔点，也没有熔化潜热，因此不是真正的固体。在加热过程中，它会逐渐变软，最终液化，整个过程是连续变化的。（我记得在一战末期，我们在维也纳得到了一种类似沥青的物质作为咖啡的替代品。这种砖头一样的东西实在太硬了，我们不得不用凿子或斧头把它砸碎，裂开的地方很光滑，如同贝壳一般。然而过段时间后，它就会表现得和液体一样，紧紧贴在容器的底部——所以最好不要把它放在杯子里太久。）

气态和液态的连续性我们已经很清楚了。通过“逼近”所谓的临界点，便可以连续地液化任何气体。但请恕我无法在这里展开讨论了。

真正重要的区别

如此，我们便已论证了上述两个等式的大部分内容，除了一点：我们还需要论证单个分子可以被视作固体，也就是晶体。

原因在于，构成分子的或多或少的原子，与形成固体（即晶体）的无数原子是被相同本质的力联结在一起的。分子能够表现出与晶体一样的结构稳定性。你应该还记得，我们之前解释基因持久性时，用到的正是这种稳定性！

物质结构中真正重要的区别在于，把原子联结在一起的是否为“固定”它们的海特勒-伦敦力。在固体和分子中束缚原子的都是这种力；在单原子气体（例如汞蒸气）中则不是；在由分子构成的气体中，只有分子内部的原子才是通过这种力结合的。

非周期性晶体

我们可以把一个小分子形象地称为“固体的胚芽”。从这样一个小小的胚芽出发，固体似乎有两种“生长”路径来壮大自身。第一种方式相对单调，即在三个方向上不断重复相同的结构。这便是生长中的晶体所遵循的方式。周期性一旦形成，聚合体的规模便不再有明确的上限了。另一种逐渐构建集合体的方式则并不是单调的重复。这就是越来越复杂的有机分子采用的路径，其中每个原子和每个原子团都发挥着各自的作用，和其他部分的功能不完全相同（在周期性结构中，每个部分的功能则是相同的）。我们可以恰如其分地称之为“非周期性晶体”或“非周期性固体”。由此，我们的假设可以表达如下：我们认为，基因或者说是整条染色体纤维[①]，就是一种非周期性固体。

压缩在微型密码中的丰富多彩的内容

人们经常会有这样的疑惑，受精卵的细胞核这一微乎其微的物质，如何能包含一个精妙无比的密码本，将生物体未来生长发育的所有信息都蕴含其中？要实现这一点，则需要有这样的物质结构：它能产生多种可能的（“同分异构式”）构型，从而足以在极其狭小的空间里承载一个具有“决定意义”的复杂系统。在我们的认知范畴中，高度有序并具有足够的抗性来长久维持这种秩序的原子团，似乎是唯一一种满足条件的物质结构。其实，这种结构无须包含大量的原子，就能产生近乎无限多种可能构型。让我们以莫尔斯电码类比。莫尔斯电码中有“点”和“划”两种不同的符号，把这两种符号有序地排列组合，只需使用不超过4个符号就能表示30种不同的含义。如果除了“点”“划”再用上第三种符号，只需不超过10个符号就能产生88 572种不同的“字母”；如果总共有5种符号，每种组合的符号数量不超过25个，那么可能的排列组合方式有372 529 029 846 191 405种。

有人可能会提出反对意见，认为莫尔斯电码并不是一个合适的类比，因为每组莫尔斯电码中每个符号的数量可能不同（例如·---和··-），这不能与同分异构体的特征很好地对应起来。为了修正这一缺陷，让我们从上面的第三个例子中选取那些正好包含25个符号、且每类符号均为5个（5个“点”、5个“划”……）的组合。粗略算算，不同的排列组合方式也有62 330 000 000 000种，后面的一长串“0”对应的数字，我

① 虽然染色体纤维的韧性极高，但这并不足以构成反驳的理由，因为细铜丝也是如此。

在这里就不费心计算出精确数目了。

当然在现实中，并不是“每种”原子的排列方式都有一个相对应的分子；再者，并非每个“密码”都可以随意使用，因为遗传密码本身必须能够指导个体的生长发育。但另一方面，例子中的数目“25”其实是非常小的，而且我们只考虑了最简单的线性排列方式。上述的例子只是想要说明，我们有理由相信，在“基因是分子”的图景下，微型密码能够精确对应高度复杂与独特的个体生长发育蓝图，并蕴含着将之付诸实际进程的方法。

与事实比较：稳定程度；突变的不连续性

下面让我们进入最后一步，将理论图景与生物学事实进行对比。很显然，首先面临的问题是，该理论能否真正解释我们所观察到的高度持久性？突破能垒所需的能量数倍于分子平均热能kT，这是否合理？是否在普通化学的认知范围之内？这个问题非常简单，无须查阅图表就能给出肯定的答案。无论是什么物质的分子，只要化学家能在特定温度下将其分离出来，那么它在该温度下应该能够保持至少几分钟的稳定性（这是一种保守的说法，通常情况下，分子的寿命要比这长得多）。因此，化学中涉及的能垒，与生物学中解释任何程度的持久性所需的能量，必须正好处于同一数量级。原因是，我们曾经在第四章中计算过，能垒W与平均热能kT的比值增加一倍，便能使分子的寿命从几分之一秒提高到几万年。

但也让我在此提供一些具体数字，为之后的论证做参考。第四章“分子的稳定性取决于温度”一节给出了一些W与kT的比值：

$$\frac{W}{kT}=30，50，60$$

所对应的分子寿命为：

0.1秒，16个月，30 000年

室温下相应的能垒为：

0.9电子伏特，1.5电子伏特，1.8电子伏特

让我在此解释一下“电子伏特”这个单位。这是一个对物理学家来说很方便的单位，因为它非常直观。例如，第三个数字（1.8电子伏特）表示，一个电子在约为2伏特的电压加速下，能够获得足够的能量并通过碰撞引起跃迁（用日常生活中的例子做比较，一个普通手电筒的电压约为3伏特）。

通过上述论证，我们可以设想，由振动能的随机波动而导致分子局部构型发生同分异构的变化，其实是一种非常罕见的事件，我们可以把它理解为一次“自发突变”。突变中最惊人的事实在于，突变是“跳跃式”的变化，没有中间形式。德弗里斯首先注意到了这一点，在此我们也从量子力学的角度给出了解释。

经过自然选择的基因的稳定性

既然我们已经发现任何种类的电离射线都会增加自然突变的概率，有人可能会由此认为，自然突变是土壤和空气中的放射物质以及

宇宙射线导致的。但与X射线实验进行定量对比后，结果显示“自然辐射”过于微弱，只能解释自然突变率中的很小一部分。

如果我们必须用热运动的偶然波动来解释罕见的自然突变，那我们就不必惊异于大自然微妙地调整了能垒，成功使突变成为一种罕见事件。因为从前文的论述中我们已经得出结论，频繁的突变不利于物种进化。通过突变获得了不够稳定的基因型的个体，其“极为激进”地快速突变的后代也几乎不可能长期存活下去。因为种群会通过自然选择淘汰这些不够稳定的个体，同时积累稳定的基因。

突变体的稳定性有时较低

当然了，至于那些在育种实验中出现、并被我们选来研究其后代的突变体，我们不能指望它们都会表现出极高的稳定性。这是因为，它们都还没有接受过大自然的“考验”；如果把它们放在大自然中，任其自生自灭，它们可能会因为突变率过高而被野生种群“抛弃”。总之，倘若其中一些突变体表现出比普通的“野生”基因型高得多的突变性，我们大可不必为此而感到惊讶。

温度对不稳定基因的影响小于对稳定基因的影响

由此，我们可以检验突变率公式：

$$t=\tau e^{W/kT}$$

（提示：t是突变的期望时间，W为能垒。）

我们不禁要问：t是如何随温度变化的？根据上面的公式，我们不难推导出，当温度为$T+10$和T时，二者t值之比的近似值为：

$$\frac{t_{T+10}}{t_T} = e^{-10W/kT^2}$$

等式右边指数为负，因此比值小于1。随着温度的升高，期望时间会减少，突变率会随之增加。因此，我们便能够以果蝇为实验对象，在其能够存活的温度范围内检验该理论（这个实验已经有学者实践过了）。乍看之下，实验结果似乎出人意料。野生基因相对较**低**的突变率显著增加，但对于一些已经发生突变的基因来说，它们相对较**高**的突变率却没有增加，或者说增加的幅度远远小于野生基因。比较一下两个公式，这个结果就能符合预期了。根据第一个公式，W/kT的值必须较大，才能使期望时间t更长（稳定基因的情况）。而根据第二个公式，W/kT的值较大时，会使得计算出的比值较小，因此突变率随温度增加的幅度更大。［在实际情况中，该比值似乎介于$\frac{1}{5}$至$\frac{1}{2}$之间，其倒数位于2到5之间，这便是在普通化学反应中所谓的范特霍夫因子（Van 't Hoff factor）。］

X射线如何诱发突变

现在让我们讨论在X射线诱发下的突变率。我们之前已经从育种实验中推断出：第一，从突变率和辐射剂量的比例关系来看，突变是由某种单一事件引起的；第二，根据定量结果，以及突变率由整体的电离密度决定且与波长无关这一事实，这种单一事件必须是电离或者类似的过程。该过程必须发生在边长仅仅约为10个原子间距的立方体内，才能产生特定的突变。

在我们的设定中，用于突破能垒的能量必须由电离或激发这样的“爆炸式”过程来提供。我之所以称它为“爆炸式”的，是因为众所周知，单次电离所释放的能量可达到惊人的30电子伏特（顺便说明一下，这些能量并不是X射线本身带来的，而是由它产生的次级电子带来的）。它必然会在放电点周围转化为急剧增加的热运动，并以原子高频振动所形成的波的形式（我们可以形象地描述为“热波”），以该点为圆心往外扩散开来。在约为10个原子距离的平均“作用范围”内，这种“热波”仍然足以提供1~2个电子伏特的能量用以突破能垒。即使一个保守的物理学家给出稍短一点的作用范围，这些数据也并非难以置信的。

在许多情况下，“爆炸”带来的影响并非是有序的同分异构式转化，而是染色体损伤。如果此时正巧出现了交叉互换，而且未受损伤的染色体（另一组染色体中的同源染色体）中相应的部分被病变的等位基因替换，这种损伤就是致命的——所有的一切都绝非天马行空的假想，实际观测的结果也证明了这一事实。

X射线的效率并不取决于自发突变性

根据上面的理论，我们即使不能直接预测许多其他的特点，也不难从中解读出来。例如就平均而言，不稳定突变体的X射线突变率并不会比稳定突变体高得多。这是因为，如果一次“爆炸”能够提供30电子伏特的能量，你当然不会认为突破能垒所需的能量稍高或稍低（比如1电子伏特还是1.3电子伏特）会有什么影响。

可逆突变

在一些情况下，突变可以双向发生。例如从某个“野生”的基因转化为特定的突变体，再由突变体转化回那个“野生”的基因。有时这两种转化的自然突变率几乎相同，有时则大相径庭。初看之下，这似乎令人摸不着头脑，因为在这两种情况下突破能垒所需的能量似乎是一样的。但是我们还要注意，能垒必须从初始构型的能级开始算起，而“野生”基因和变异基因的能级有可能是不同的，因此在这两种情况下的能垒也不尽相同。（见“第二项修正”一节中的图12，我们可以用“1”表示“野生”的等位基因，用“2”表示突变基因；“2”的箭头较短，表示突变基因较低的稳定性。）

总而言之，我认为德尔布吕克的“模型”很好地经受住了我们的检验，我们有理由在进一步的论证中继续使用它。

第六章

有序、无序和熵

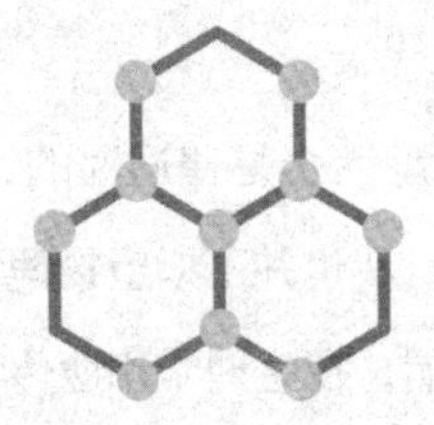

身体不能决定心灵，使它思想，心灵也不能决定身体，使它动或静，更不能决定使它成为任何别的东西，如果有任何别的东西的话。[①]

——斯宾诺莎，《伦理学》第三部分，命题2

① 作者此处引用的是拉丁文原文：Nec corpus mentem ad cogitandum, nec mens corpus ad motum, neque ad quietem, nec ad aliquid (si quid est) aliud determinare potest. 译文引用了贺麟先生的译本。——译者注

从模型中得出一个非凡的普遍性结论

在此，请先让我引用上一章“压缩在微型密码中的丰富多彩的内容”一节中的最后一句话。我提到，“我们有理由相信，在‘基因是分子’的图景下，微型密码能够精确对应高度复杂与独特的个体生长发育蓝图，并蕴含着将之付诸实际进程的方法。”好了，现在我们的问题是：它是如何做到这一点的呢？我们又该如何从“相信”过渡到真正的理解呢？

德尔布吕克的分子模型完全是普适性的，似乎并没有暗示遗传物质如何发挥作用。事实上，我也并不指望物理学在不远的将来就能够详细解释这个问题。但我确信，在生理学和遗传学的指导下，生物化学已就此取得持续的进展，而且将来仍会继续。

显而易见，根据此前对遗传物质结构的一般性概述，我们无法得知遗传机制具体是如何运作的。但奇怪的是，由此我们却可以得出一个普遍性结论。坦白来说，这个结论是我撰写此书的唯一动机。

从德尔布吕克对遗传物质总体图景的描述中，我们可以看出，生命物质不仅符合当前已知的“物理学定律”，而且还很有可能涉及不为人知的“其他物理学定律”。然而，这些定律一旦被发现，就会和已知的定律一起成为这门学科必不可少的组成部分。

建立于秩序之上的秩序

这套思路相当微妙，在很多方面都容易引起误解。这本书余下的篇幅都是为了理清这个思路。我们可以从下面的讨论中得到一个初步的认识——这种认识虽然尚且粗浅，但并非全然是无稽之谈。

我在第一章已经解释过，我们目前所知的物理学定律实际上都是统计学定律[①]。它们与事物从有序走向无序的自然倾向息息相关。

但是，微乎其微的遗传物质却具有高度持久性。我们不得不“发明‘分子’的设定”，从而合理解释遗传物质如何得以免于走向无序。在这个设定中，遗传物质实质上是大得非同寻常的分子，必然有着精巧绝伦、高度分化的秩序，“魔法”般的量子论可以为之保驾护航。有关概率的规则并没有因为这个“发明”而失效，但是它们的结果却变了。物理学家们都一清二楚，许多经典的物理学定律都得到了量子论的修正，在低温条件下尤甚。这方面的例子不胜枚举，而生命似乎就是其中一个尤其引人注目的例子。生命似乎是物质有秩序、有规律的行为，并不完全建立在从有序到无序的趋势上；它还部分基于得以维持下来的现有秩序。

我希望对物理学家，而且仅仅是对物理学家做出如下阐述，希望这能让我的观点更加清晰明了：生物体似乎是一个宏观系统，它的行为在某种程度上符合一切系统都遵循的一种纯粹机械行为（与热力学行为相对），即随着温度逼近于绝对零度，分子的无序性会逐渐消失。[②]

而并非物理学家的普通读者可能会很难相信，看似神圣不可侵犯的普通物理学定律，本应该是精确性的典范，却建立于物质逐渐走向无

① 对“物理学定律”做完整的一般性阐述可能会较为困难。我们将在第七章讨论这一点。

② 这其实是热力学第三定律的内容。——译者注

序的统计学趋势之上。在本书第一章中，我已给出了相关的例子，其中涉及的一般原理是大名鼎鼎的“热力学第二定律”（熵增定律），以及与之闻名程度不相伯仲的统计学基础。在本节后半部分，我将力图简要阐明熵增原理对生物体宏观行为的影响——请先暂且把我们之前解释过的关于染色体、遗传等等生物学知识抛诸脑后。

有生命的物体会避免退化到热力学平衡态

生命的特征是什么？在什么情况下，我们可以称一个物体是有生命的？如果这个物体可以持续地进行“做某事”、移动、与环境交换物质等活动，而且在同等条件下，与无生命的物体相比，我们能够指望它在更长的时间内维持这些行为，那么这个物体就是有生命的。当没有生命的系统被隔离开来或置于均匀的环境之中时，在各种类型的摩擦力的作用下，所有的运动很快就会静止；电势差和化学势差会被平衡，能够产生化合物的物质会化合，热传导会使温度处处变得均匀。尔后，整个系统会衰退成一堆了无生机的惰性物质。在这团永恒的死寂之中，我们再也无法观测到任何物质活动。物理学家把这种状态称为热力学平衡，也叫“最大熵”。

在现实生活中，这种类似的状态通常很快就会达到。但从理论上来说，它往往还不是彻底的平衡，即还不是真正的“最大熵”。要通往真正的平衡状态，最后一步是非常缓慢的，可能要花上几个小时、几年，甚至超过几个世纪。让我来举一个达到平衡的速度相对还算是比较快的例子。如果把一满杯清水和一满杯糖溶液一起置于恒温且密封的箱子之中，起初看似什么也不会发生，给人一种业已达到平衡状态的错觉。但过了一天左右，你会发现清水由于其较高的蒸气压而缓慢蒸发，并凝聚于糖溶液之中。因此，糖水会从杯中溢出来。只有在清水完全蒸发以后，糖分才能真正平均分布在所有的液态水之中。

千万不要把这些达到最终平衡的缓慢过程误认为是生命。往后，我们不必再把它们列入讨论范围。我之所以在此提及它们，是为了避免有人指责我的表述不够准确。

生命以“负熵”为生

生物体的扑朔迷离之处，恰恰在于它不会迅速退化到死气沉沉的“热力学平衡态”，人类为这样神秘的现象所着迷。有史以来，人们就认为有种特殊的非物质或超自然力量（如所谓的“活力”[①]“隐德来希”[②]等）主宰着生物体；至今仍然有人是这些理论的信徒。

一个有生命的生物体，如何免于走上衰退的道路？答案显而易见：通过进食、饮水、呼吸和同化作用（最后一点适用于植物）。我们可以用专业术语表示这些行为，名曰**新陈代谢**。它的希腊语单词为μεταβάλλειυ，意为变化或交换。交换什么呢？这个词最早蕴含的意思无疑为交换物质（例如，德语中新陈代谢为Stoffwechsel[③]）。但是，认为事物的本质就是物质交换，这种观点是荒诞不经的。任何氮原子、氧原子和硫原子都别无二致，交换它们又有什么意义呢？我们以前从未想

① “活力”（vis viva）一词出现在莱布尼茨提出的动量守恒公式中，是最早描述“动能”的历史术语。——译者注

② “隐德来希”（entelechy）由亚里士多德提出，是由“entelēs”（完整）与“echein”（通过持续努力保持某种状态）拼接成的新词；同时，也是由“endelecheia”（持续性）一词插入“telos”（完成）组成。简单来说，可以把该词理解为所谓的“第一推动者”。——译者注

③ Stoff为物质，wechsel为交换。——译者注

过去深究这个问题，因为在过去很长的一段时间里，我们都以为自己是以能量为生的。在一些发达国家里（我记不太清是在德国还是美国，或许两国皆有），餐厅的菜单上除了写上价格，还标出了每道菜所含的能量。如果你真的计较食物中能量的多少，无疑也是同样荒唐的。对成年生物而言，其能量的含量与物质含量一样稳定。既然所有的卡路里都和来自别处的卡路里是相同的，那么单纯的能量交换意义也不大。

那么，我们到底从食物中汲取了什么赖以生存的珍贵成分？ 这个问题很好回答。每一个过程、事件、经历—— 怎么称呼它们都可以，总之，自然界中每一件正在发生的事，都会增加它周围的熵。因此，每一个生物体的熵也在不断增加，你也可以理解为它产生了正熵。熵增加到接近极大值时，是极其危险的，因为这意味着死亡。要与死神搏斗，生物体只能不断从其环境中汲取负熵从而得以生存下去。我们接下来马上就会看到，负熵其实是一件非常具有正面价值的东西。生命以负熵为生。或者我们可以换一种不那么矛盾的说法：在新陈代谢过程中，头等大事是生物体成功把生命活动中无法避免地产生的熵排出体外。

熵是什么？

那么，熵是什么？我必须先强调一下，它并不是一个模糊的概念或者观点，而是一个可实际测量的物理量，正如一根棍子的长度、物体任意一点的温度、某种晶体的熔化热或某种物质的比热容一样。在绝对零度下（大约为 -273℃），所有物质的熵都是零。如果你缓慢地、可逆地、一小步一小步地改变物质的状态（即使物质因此改变了物理或化学性质，或被分成两个或两个以上不同物理或化学性质的部分也无妨），便可以求得该过程中增加的熵，计算方法是：用每一步中为物质提供的热量除以当时的绝对温度，再把所有结果相加。举个例子，在熔化一块固体时，它的熵增为熔化热除以熔点温度。由此可以看出，熵的单位是卡路里每摄氏度（cal./℃)，就像卡路里是热量单位，厘米是长度单位一样。

熵的统计学意义

我之所以在此说明“熵”这个专业术语的定义，只是为了拨开长期以来一直笼罩着它的层层迷雾。对我们来说，更重要的是关乎有序和无序的统计学概念。玻尔兹曼和吉布斯用统计物理学阐释了二者之间的定量关系，其确切的量化表达式为：

$$\text{熵} = k \log D$$

其中，k为玻尔兹曼常数（$k=3.2983 \times 10^{-24}$ cal./℃），D为物体中原子无序度的量化值。用简洁明了的非学术语言精准解释D是非常困难的。D所表示的无序性，部分是由热运动造成的，部分是由系统中不同的原子和分子随机混合（而不是分野鲜明）造成的。通过本章提到的糖和水的例子，我们可以很好地理解玻尔兹曼方程。糖分子逐渐“扩散”到密闭的箱子里包含的所有水分子中，增加了无序度D；因为D的对数会随着D的增加而增加，熵值也会随之上升。同样显而易见的是，为系统提供的任何热量都会使热运动更为剧烈，即通过增加D从而增加熵。要想明白这一点，只需想想晶体熔化的例子：熔化会破坏晶体中整齐而稳固的排列方式，使晶格变为一种持续变化着的随机分布的物质。

一个孤立系统或处于匀质环境中的系统（在目前的讨论中，我们先把环境纳入考虑范围之内），它自身的熵会不断增加，早晚会逼近熵值最大时的惰性状态。我们可以把这一物理学的基本定律理解为：事物有走向混沌状态的自然趋势，除非我们主动去抵消这种倾向。这就好比图书馆的书籍和办公桌上成堆的文件，假如无人定期整理，逐渐会变得凌乱不堪。而不规则的热运动就好比我们不时翻阅这些书籍文件，却不把它们放回原位。

组织通过从环境中汲取“秩序”来保持运转

生物体有一种神奇的能力，能推迟自身的衰变，延缓进入热力学平衡态——也就是死亡——的脚步。那么，我们该如何用统计学理论来表示这种能力呢？前文我说过“生命以负熵为生”，意思是生命从外界源源不断地汲取负熵来抵消其生命活动带来的熵增，从而使自身维持在一个稳定的相对低熵状态。

我们已经知道，D是对无序性的量度；那么我们就可以用它的倒数$1/D$直接衡量有序性。因为$1/D$的对数等于D的对数的负值，我们可以这样改写玻尔兹曼公式：

$$-（\text{熵}）=k\log\left(\frac{1}{D}\right)$$

因此，我们可以用一个更好的说法来替代“负熵”这个略显拙劣的表达方式：带负号的熵是对有序度的衡量。因此，生物体将自己维持在较高的有序状态（即低熵状态）这一运作机制，实际上就意味着它从环境中源源不断地汲取着秩序。这个结论就比原先的说法看上去通顺得多，但也许有人会指责它过于显而易见。确实，我们都非常清楚高等动物赖以生存的秩序是什么，那就是由较为复杂的有机化合物组成、结构极其有序的物质：食物。消化系统处理过这些食物以后，身体会把降解后的残渣排出体外。但此时，食物仍未被完全降解，因为植物还能再利用它们（当然，对植物来说，最主要的“负熵”来源还是阳光）。

对第六章的注

我的**负熵**理论引来了物理学同仁的质疑和反对。首先我要声明，如果只是为了迎合他们，我早就转而讨论**自由能**了。在这个语境下，自由能是一个更加广为人知的概念；但这个极其专业的术语用词与**能量**非常接近，会使普通读者难以区分。普通读者可能会以为“**自由**”只是用来修饰（epitheton ornans）“能量”的形容词，多少有些可有可无。但事实上，自由能是个相当复杂的概念，要想描述它与玻尔兹曼有序–无序原理之间的关系，还不如去描述熵及“带负号的熵”与后者之间的关系来得容易。再说，后一种关系也不是我胡编乱造的，它恰恰就出现在玻尔兹曼最初的论述之中。

但是，弗朗西斯·西蒙[①]非常中肯地向我指出，我粗浅的热力学思辨无法解释我们为何必须进食“那些较为复杂的有机化合物组成、结构极其有序的物质”，而不是摄入木炭或钻石矿浆。他的说法没错。我必须在此向普通读者解释，一块尚未燃烧的木炭或钻石连同其燃烧需要消耗的氧气，在物理学观中也处于非常有序的状态。让我们来证明一下：燃烧木炭时会产生大量的热量，系统将热量扩散到周围的环境之中，从而处理掉燃烧反应带来的大量熵增。最后，系统的熵会回到与燃烧前差

① 弗朗西斯·西蒙（Francis Simon），德国和英国物理学家，设计了气体扩散法并证明其可被用来分离铀元素，从而推动了原子弹的发明。——译者注

不多的值。

然而，我们并不能以燃烧反应产生的二氧化碳为生。因此，西蒙对我的指正完全在理：食物中所包含的能量成分**确实**很重要，我之前对菜单上标明食物能量的含量冷嘲热讽实在有欠妥当。我们所需的能量，不仅用来补充日常活动所消耗的机械能，还用来补充我们向周围环境持续散发出的热量。我们向环境释放热量并不是偶然的，而是必要的；因为我们正是以这种方式处理掉身体在生命过程中不断产生的多余的熵。

这似乎表明，恒温动物相对较高的体温是一种优势，它们能够以更快的速度排出自身产生的熵，从而可以进行更加剧烈的生命活动。我不确定这个观点的正确程度如何（我对这个说法负责，与西蒙无关）。有人可能会反驳道，许多恒温动物通过厚重的皮毛或羽毛来**防止**热量的迅速散失。因此，我宣称的体温与“生命强度”之间的对应关系，也许应该用第五章提及的范特霍夫定律更为直接地解释：较高的体温会加速生命过程中的化学反应（人们在一些体温随环境温度变化的动物身上进行了实验，证明了实际情况确实如此）。

第七章

生命建立在物理学定律之上吗？

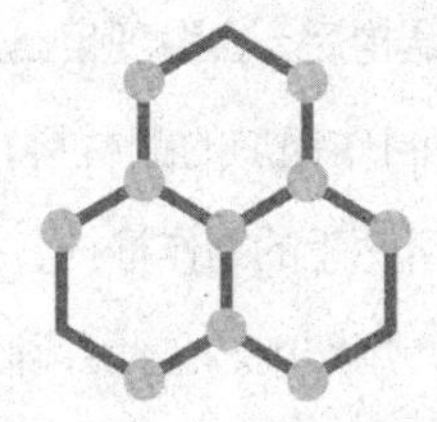

如果一个人从不自相矛盾，那一定是因为他实际上什么都不说。

——米盖尔·德·乌纳穆诺[①]（引自谈话录）

① 米盖尔·德·乌纳穆诺（Miguel de Unamuno），西班牙作家、哲学家。主要著作为《迷雾》《生命的悲剧意识》。——译者注

生物体中的新定律是意料之中的

简而言之，我在本书的最后一章想要说明的是：请诸位做好心理准备，根据我们对生命物质结构的了解，生命的运作方式很可能无法被归入普通物理学定律中。这并不是因为有什么“新的作用力”或其他东西在左右着生物体内单个原子的行为，而是因为生命结构和我们在物理实验室中测试过的所有对象都不同。打个简略的比方，一个只熟悉热机的工程师在查看过电机的结构后，会发现自己并不了解它的工作原理。他会发现他所熟悉的用于制作锅炉的铜材料，在这里被拉成长长的电线，并缠绕成了线圈；他所熟悉的制作推杆、阀杆和汽缸的铁材料，在这里被填充到铜线圈里面，用作内芯。他会确信，这还是同样的铜、同样的铁，服从与原先相同的自然法则。这一点也没错。但结构上的差异如此之大，故而电机迥然不同的工作原理也在他的意料之中。因此，要是他一按开关电机就开始运转，他不会因为没有锅炉和蒸汽的推动便以为电机中藏了哪路神仙在暗中操作。

对生物学状况的回顾

生物体在生命周期中有条不紊地展开的事件，呈现出一种让人叹服的规律性和有序性，这一点是我们所知的一切非生命物质都无法比拟的。我们发现，生命由一组极其有序的原子团控制，而这些原子只是每个细胞所含原子中微乎其微的一部分。此外，认识了突变机制后，我们可以得出结论，在生殖细胞中，只要“原子管理层”中的区区几个原子变动位置，生物体的宏观遗传性状就会发生翻天覆地的改变。

上述事实可能是当今科学为我们揭示的最有趣的现象。也许我们会发现，它们毕竟也不是那么难以置信。生物体有一项令人叹为观止的天赋，它们能将“秩序之流”汇集于自身，即从适宜的环境中“汲取有序性”。这种能力似乎与染色体分子这种“非周期性晶体”有关。染色体分子无疑是我们当前认知范围内有序度最高的原子团，其中的每个原子和每个自由基都各司其职。因此，染色体分子的有序度比普通的周期性晶体要高得多。

总之，我们见证了许多现象，它们能够证明现存秩序有着维持原有秩序和产生有序事件的能力。这听上去十分在理，不过我们在论证其合理性的时候，无疑借鉴了关于社会组织以及其他生物活动的既得经验。因此，这似乎有循环论证的嫌疑。

对物理学状况的总结

无论如何，我还是要反复强调，对物理学家来说，我们发现的这种情况虽然不太能说得通，却是振奋人心的。因为这是一个史无前例的伟大发现。与我们的常识恰恰相反，那些由物理学定律支配的事件，它们规律性的进程并不是由单独一个井然有序的原子团产生的，除非这种原子构型多次重复，要么是沿着周期性晶体的生长路径，要么是以大量同类分子组成液体或气体的方式。

即使化学家在生物体外（in vitro）进行研究，他的研究对象也总是不计其数的相似分子。因此，化学定律是适用于这些数量巨大的分子的。比如，他可能会告诉你，在某个化学反应开始一分钟后，半数的分子将会发生反应；而第二分钟后，四分之三的分子将发生反应。但是，即便我们能够追踪某个特定的分子，也无法预测它在什么时候发生反应，因为这是完全随机的。

这并不是纯粹的理论猜测。我并不是在说我们永远无法观测到单个原子团甚至是单一原子将要发生的事情。我们有时是能够观测到的，但只要我们去进行观测，就会发现结果毫无规律可言，只有在汇集大量结果之后，计算出的平均数据才具有规律性。我在第一章中举过一个例子。对于某个悬浮在液体里的小颗粒来说，它的布朗运动是没有规则的。但如果千千万万的相似颗粒同时做无规律的布朗运动，有规律的扩散现象会因此而产生。

我们可以观测到单个放射性原子的衰变：它会释放出辐射产物，并在荧光板上留下可观测的闪光痕迹。但是，单个原子的寿命可能还不如一只活蹦乱跳的麻雀的寿命容易预测。事实上，我们所知的仅仅是：只要这个原子还存在（这可能长达几千年），它在下一秒发生衰变的概率都是一样的，无论这个概率是大是小。某个放射性原子的衰变是不确定的，然而大量同类原子聚集在一起时，就能够形成精确的指数衰变规律。

惊人的对比

而在生物学领域，我们面对的是一种完全不同的情况。只需要一组原子团，即一份“遗传密码副本”，有序的生物学事件就能由此产生。根据极为高妙的规律，原子彼此之间与外部环境神奇又和谐地相互协调。我这里说只要“一份副本”，是因为存在着鸡蛋和单细胞生物的特例。当然，就更高等的生物而言，“副本”数量会在其生长发育过程中成倍增加。这个数量会增加到什么程度呢？据我所知，成年哺乳动物中的“副本”数量大约在10^{14}这一数量级。这个数字意味着什么呢？仅仅为一立方英寸空气中分子数量的百万分之一。这一数量看似庞大，但如果把这些“副本”集中起来，只能汇集成一个小小的液滴。我们再来看看它们的实际分布方式：每个细胞中只有一到两个副本（后者是二倍体的情况）。在每个孤立的细胞中，这个副本就如同一个微小又强大的权力机关；那么，散布在全身细胞中的遗传密码副本，不正像一个个地方政府吗？它们都使用相同的代码，因此彼此之间的通信极为便捷。

这种天马行空的描述，似乎更像是来自一个诗人而不是科学家。然而，无需诗意的想象，只需要清晰冷静的科学思考，就能清楚认识到我们面临的一些事件，它们有条不紊的发展过程是一种由完全不同于物理学“概率机制”的“机制”所引导的。事实铁证如山，摆在了我们面前：每个细胞中，只有包含一个或两个遗传密码副本的原子团扮演着“总指挥”的角色，在它率领下徐徐展开的事件堪称秩序的典范。信也好，不信也罢，极其微小却高度有序的原子团能够如此运作的情况都是史无前例的，我们还没有在生命物质以外的地方发现过。物理学家和化学家在研究非生命物质时，从未目睹过必须如此解读的现象。

我们对精致优美的统计学理论深以为傲，因为它穿云破雾，使我们看到从无序的单个原子和分子中也能产生精确有序的宏观物理规律；因为它使我们无须对此（ad hoc）做出特殊的假设就能理解最举足轻重、最具普适性、最包罗万象的熵增定律——熵的本质只不过是分子的无序性。然而，这些我们引以为豪的统计学规律，却没有涵盖前所未见的生命现象。

产生秩序的两种方式

生命进程中表现出来的有序性还有另一个来源。有序事件的产生似乎来自两种“机制”：一是我们方才提到的“统计学机制”，它产生了“建立于无序之上的秩序”；而新的机制，则产生了“建立于秩序之上的秩序”。一个言辞中肯的人会认为，第二个原则看上去要简单合理得多，事实也确实如此。正是因为这样，物理学家才深深为更为复杂的第一种机制，也就是“秩序来自无序”的机制而自豪。这确实是一种被自然界中的事物广泛遵循的机制，而且只有通过它，我们才能理解伟大的自然现象；它最能解释的便是自然现象的不可逆性。但我们不能指望从这种原理推导而来的“物理学定律”能够直接解释生命现象，因为生命显然在很大程度上基于“秩序来自秩序”的机制，这也是生命最显著的特征。你当然不会认为这两种完全不同的机制会产生相同类型的规律，正如你不会用自家钥匙去开邻居家的门。

因此，用普通的物理学定律来解释生命是很困难的，但我们绝不能就此气馁。在掌握了生命物质结构的知识后，这其实是意料之中的。我们必须做好心理准备，一种新的物理学定律指导着生命的行为。我们是否应该把它叫作“非物理定律”甚至“超物理定律”，才更加恰当呢?

新定律并非物理学中的新鲜事

不，我并不这么认为。因为这种新的原理就是一种真正的物理学原理；在我看来，它其实是量子论的另一种表现形式。为了解释这一点，我们必须首先占用一些篇幅完善（而不是修正）之前提出的一项论断，即：所有的物理规律都建立于统计学的基础之上。

这个论断被一而再，再而三地提出来，不可能不引发争议。因为确实存在这样一些现象，其突出特征就是直接基于“秩序来自秩序”的原则，似乎与统计学或分子的无序性并不相干。

太阳系的秩序体现在行星的运行中，而行星系统亘古以来便已有之。此时此刻的星图与金字塔时代任何一个时间点的星图是直接挂钩的；我们可以依据目前的星座位置追溯回古代的星座，反之亦然。我们已经计算出历史上的日食时间，它们与历史记载相差无几，甚至在某些情况下能够用来修正公认的年表。这些计算并未运用到统计学，它们完全基于牛顿的万有引力定律。

一台精准的时钟或者其他任何类似的机械所做的规律性运动似乎也与统计学毫无关联。简而言之，所有纯粹的机械事件似乎都明确地直接遵循“秩序来自秩序”的规律。不过这里的“机械”一词是广义的，比如有一种实用的时钟依靠从发电站定期传输的电脉冲计时，它也属于我们所说的“机械”装置。

我记得马克斯·普朗克发表过一篇有趣的小论文，题为“动力学与统计学类型的定律”（*Dynamische und Statistische Gesetzmässigkeit*）。文中，动力学和统计学两种类型的定律恰恰对应了我们所说的“秩序来自秩序”和“秩序来自无序”。这篇论文揭示了支配着宏观事件的统计学定律是如何由支配着微观事件的动力学定律构成的。微观事件指的是单个原子和分子之间的相互作用，它们能通过宏观的机械现象表现出来，例如行星和时钟的运动。

我先前已郑重其事地指出，这种“新”的定律，即“秩序来自秩序”的定律，是理解生命现象的真正线索。但上述论证说明，在物理学中，这并非一件新鲜事。普朗克甚至认为这种定律具有更高的优先级。

如此，我们似乎推导出一个荒谬的结论：若想理解生命，首先要承认它基于纯粹的机械原理，即普朗克的论文中所说的“时钟”机制。其实在我看来，这个结论并不荒谬，也不是完全错误的，但我们必须用批判的眼光去看待它。

时钟的运动

让我们来准确地分析一下现实生活中时钟的运动。它根本就不是一个纯粹机械现象，因为一只纯粹的机械钟不需要发条，更不需要上发条；一旦开始运动，它就会永远走下去。而真实世界里，一台时钟若是没有发条，钟摆来回摆动几下后就会停止走动，因为它的机械能会转化为热能。其中涉及的原子过程非常高深复杂。从普遍性原理的角度来看，物理学家不得不承认，相反的过程并非完全不可能发生：一台没有上发条的时钟可能会通过把齿轮与环境中的热能转化为机械能的方式，突然开始走起来。他们只能解释道，这台钟经历了一次猝发的布朗运动。我们在第二章[①]中提到，这种事情经常发生在极其灵敏的扭秤（静电计或检流计）身上。当然，对于时钟来说，类似事件发生的概率无限接近于零。

借用普朗克的说法，时钟的运动究竟是属于动力学类型还是统计学类型定律的范畴，完全取决于我们看问题的角度。若要把它解释为动力学现象，我们应当把关注点放在它是一种由发条驱动的规律性运动。即使发条并不是十分强大，但还是能克服热运动的微小干扰，因此热运动是可以忽略不计的。但要注意的是，时钟若是不上发条，就会因为摩

① 应该是第一章，薛定谔记错了。——译者注

擦作用而逐渐变慢乃至最终停止走动；这个过程只能被当作统计学现象来理解。

在现实生活中，无论时钟的摩擦和热效应多么微不足道，我们也不应当忽视它们。因此，在分析由发条驱动的时钟的规律运动时，无疑只有第二种角度才深入到了问题的本质。我们绝不能认为，发条的动力机制能够完全消除时钟运动过程的统计学性质。真正的物理学图景并不排斥这样一种情况：一台有规律地走动的时钟通过消耗环境中的热量突然自动上紧发条，逆时针走动。只不过这种事件发生的可能性极小，与没有驱动装置的时钟因“猝发的布朗运动”而突然动起来的情况相比，其概率可以说是“比无限接近于零还要再低一些”。

时钟的运动终究由统计学类型定律支配

现在让我们来做个总结。之前举的“简单”例子其实是许多其他案例的代表，它们似乎未被囊括于无所不包的分子统计学原理中。用现实生活中的物质（而不是理想的材料）制成的时钟并不是真正的“时钟”。尽管随机的因素多多少少被削弱了，时钟突然错得离谱的概率也微乎其微，但仍然不能完全排除这种可能。即使是天体的运动，也存在着不可逆转的摩擦和热效应。地球的自转因为潮汐力的摩擦效应而逐渐变慢，而月球也因此渐渐远离地球。如果地球是一个完全刚性的旋转球体，这种情况是不会发生的。

尽管如此，“真实世界的时钟”依然主要表现出“秩序来自秩序”的明显特征。当物理学家在生物体中也发现了这种特征的时候，自然是激动不已的。看起来，这两种情况终究有些共性。这些共性是什么？又是什么惊人的差异导致了生命现象如此独树一帜、前所未见？答案尚未分晓。

能斯特定理

任意类型的原子集合体都是物理系统，它们什么时候会表现出普朗克文中的“动力学型定律”（用我们的话来说就是“时钟的特征”）呢？这个问题很容易通过量子论来回答：在绝对零度。当温度接近绝对零度时，分子的无序性就不再影响任何物理事件。顺带说一句，这个结论并非通过理论发现的，而是在仔细研究广域温度下的化学反应后，再把结果外推至无法达到的绝对零度所得出的。这就是瓦尔特·赫尔曼·能斯特[①]著名的“热定律”。有时候，人们冠之以“热力学第三定律”的头衔，这并非名过其实（第一定律是能量守恒定律，第二定律是熵增定律）。

量子论为能斯特的经验性定律提供了理论支持，也让我们能够估算出，一个系统必须有多接近绝对零度，才能表现出类似于“动力学”的行为方式。就某种特定情况而言，什么温度实际上就已经等效于绝对零度了呢？

千万不要以为这个温度总是非常低的。事实上，即使在室温下，熵在许多化学反应中的作用也出乎意料地微不足道；而能斯特正是从上面的事实中发现热力学第三定律的（提醒一下，熵是对分子无序度对数的直接衡量）。

---

① 瓦尔特·赫尔曼·能斯特（Walther Hermann Nernst），德国化学家，因提出热力学第三定律而获得1920年诺贝尔化学奖。除此以外，他还提出了能斯特方程，并发明了能斯特灯。

摆钟实际上可以看成是处于绝对零度的

那么，摆钟又是一种什么情况呢？对摆钟来说，它所处的室温环境实际上就相当于绝对零度。这就是为什么它遵循“动力学”原理。当温度降低时，它还是会继续走动，前提条件是你把润滑油都擦干净了。但如果我们不断提高温度，问题就会出现了——因为它最终会熔化。

时钟与生物体之间的关系

上述分析看起来过于显而易见，但我认为它确实击中了问题的要害。时钟之所以能够以“动力学”的方式走动，是因为它由固体制成。海特勒-伦敦力使固体的形状得以维系，从而对抗常温下由热运动造成的无序化趋势。

现在，我认为是时候多说几句，以揭示时钟与生命之间的相似之处了。其实只有非常简单的一点，即生命与时钟一样也依赖于固体：非周期性晶体构成了遗传物质，使之在很大程度上摆脱了无规则的热运动的影响。但是，请不要随便批评我把染色体纤维称为“生命机器的齿轮”的说法，至少你得用上这一比喻所基于的深刻的物理学理论，再来辩驳我的观点。

自然，无需过多修辞就能说明时钟与生命之间的根本区别。而且，用“独树一帜”和“前所未见”来形容生命并不为过。

最为显著的区别有二：一，生命齿轮在多细胞生物体的分布方式十分神奇，请参见我在本章“惊人的对比”一节中多少有些诗意的描述；二，这些齿轮并不是粗制滥造的人工制品，而是大自然用量子力学的方式精心铸就的最高杰作。

后记

论决定论与自由意志

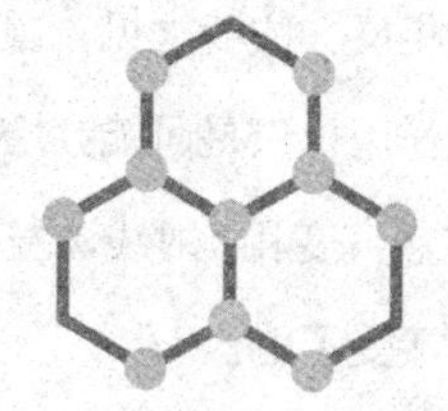

鉴于我已经从纯粹科学的角度心平气和地（sine ira et studio）详细阐述了我们的问题，那么请允许我在此补充一下自己从哲学角度对生命问题的见解，以作为对这件棘手事儿的回报。当然，这仅仅是主观的个人见解。

根据前文提出的证据，存在于生物体内的时空中的事件是与其思维活动、自我意识或其他行为相对应的。考虑到它们的复杂结构以及公认的对物理化学现象的统计学解释，这种对应关系如果不能说是严格的决定论，至少也是统计学意义上的决定论。我想向物理学家强调的是，与某些人坚持的观点恰恰相反，依我之见，**量子的不确定性**在生命活动中并未发挥出任何生物学作用，只是可能会增强某些事件自身的纯粹偶发性（例如减数分裂、自然突变和X射线诱发突变）。而增加随机性这一点，是已经被学界广泛接受了的。

为了论证的需要，我会把这当作既定事实。“承认自我是一台纯粹的机械”自然是令人不快的，它注定与人类在反思自我时表现出的**自由意志**相违背，但我相信每个不偏不倚的生物学家都会这样做。

但是，直接体验不管是多么五花八门、天差地别，在逻辑上是不可能相互矛盾的。因此，先让我们来看看是否能从以下两个前提条件出发，得出不会自相矛盾的正确结论：

（1）我的身体是一个纯粹的机械装置，其运作方式遵循自然法则。

（2）尽管如此，我毫不怀疑我的直接体验。我知道自己控制着身体的运动，也明白这些运动可能带来至关重要的结果。我认为我对这些结果负全责。

我认为，由这两个事实只能推导出一个可能的结论，即：“我”

是一个能够遵循自然法则控制“原子的运动”的人。这里的“我”是广义上的“我”，指的是每一个能够感受到自我的存在，或者能够以“我”这个人称代词表达自身存在的有意识的心灵。在一些文化圈（Kulturkreis）中，某些概念的定义被限制或专有化了；而在其他人群中，这些概念在过去和现在都具有更广泛的含义。在概念受限的文化圈中，用简洁的语言为这个结论下定义可能是轻率的。借用基督教的措辞，这个结论可以表达为“因此我就是全能的上帝”，而这听起来像是渎神的疯话。但请暂且把这些含义放在一边，想想看如果一个生物学家想要证明神灵与永恒的存在，上述观点是否为最接近终极真理的推论？

其实，“我就是全能的上帝”这种观点古已有之。据我所知，最早的纪录可以追溯到大约2500年前，甚至可能更早。在古老而伟大的《奥义书》（*Upanishads*）中，古印度思想家便提出了ATHMAN = BRAHMAN的观点，意为“个人的自我相当于无处不在、包罗万象的永恒自我”。[①]在印度哲学中，这并不是渎神，而是凝聚了对世间万物最深刻洞见的思想结晶。在学会诵读这句话以后，吠檀多派[②]学者修炼的终极目标就成了把自己的心灵融入最高的永恒之精神中。

而且，古往今来的许多神秘主义者都描述过他们生命中的独特体验。这些体验来自个体，是分别提出的，却又奇迹般地具有一致性（有点像理想气体中的分子）。千言万语凝聚成一句话：DEUS FACTUS SUM（我已成为神）。

对于西方意识形态来说，这种思想仍然有些另类。尽管如此，叔

①《奥义书》是古印度一系列哲学文献的总称，现存的《奥义书》多达两百多种。BRAHMAN即“梵”，薛定谔引用的观点即“梵我一如”，这是《奥义书》中论述的最高真理。ATHMAN为原著拼写错误，应为ATMAN。——译者注

②吠檀多（Vedanta），梵文名由Veda（被婆罗门奉为圭臬的《吠陀》，意为知识）与anta（终极）两词组成，意思是“吠陀的终极”，是婆罗门教影响最大的一派。——译者注

本华等人都支持这种观点。真心相爱的恋人们，当他们深情凝视对方的双眼时，能够感觉到他们的思想与欢愉不仅仅只是相似或相同，而且是**合二为一**的。但他们过于沉浸在爱情的甜蜜中，无法清晰地思辨其中蕴含的哲学奥义。其实这是非常接近神秘主义者的体验的。

请容我再做些进一步的阐述。意识从来都是单数的形态，而不是复数的形态。即使在精神分裂症或双重人格的患者身上，两种意识也是交替出现的，从未发生过几种人格同时出现的情况。在梦境中，有时我们确实会同时一人分饰多角，但这些角色是泾渭分明的。我们扮演着其中的一个人，以他的身份直接活动和说话，同时热切地等待着另一个人的答复。然而，做梦的时候我们无法意识到，其实我们像控制着自身一样，也在操纵着他人的行为与语言。

《奥义书》中强烈反对的精神多元论究竟是如何产生的？意识与一种有边界的物质（即我们的身体）紧密相关，并依赖于它的物理状态，而这一点正是由意识本身发现的。很容易想到，随着我们的身体发育——从青春期到成年阶段再步入老年，我们的心智也随之变化；发烧、中毒、麻醉、大脑病变也会对思维产生影响。既然类似的身体数量众多，那么我们为何不能假设意识或精神也有很多个呢？许多天真单纯的人都接受了这一假设，包括绝大多数西方哲学家。

在意识到这一点后，人们几乎马上就发明了灵魂的概念。灵魂的数量与身体的数量是相等的。这时候，人们不禁要问：灵魂是和肉体一样终有一死，还是能够永垂不朽，脱离肉体而存在？前一种可能性固然令人不快，但后一种可能性则让人直接忘记、无视甚至是不承认多元论所依托的事实。有人提出了更加愚蠢的问题：动物也有灵魂吗？甚至还有人怀疑，是否只有男人有灵魂，而女人没有？

上面的结论虽然只是试探性的，并不是最终答案，但它们让我们对所有西方的主流宗教所宣扬的多元论产生了怀疑。我们也许可以一方面摒弃其中明显的迷信成分，只保留存在多个灵魂的朴素想法；另一方面宣称灵魂并非不朽，而是会随着肉体一同消亡，从而“补救”多元论。但这样我们难道不是正在走向更为荒诞不经的歧途吗？

因此，我们唯一能做的便是相信直接经验，即：意识是单一的，我们无法得知多元的意识是否存在；意识**只有**一个，即使看上去似乎有多个意识，那也只是单一意识的一系列不同的侧面，是一种幻影（梵文中的MAJA[①]）。这就好像，站在一道镶满镜子的回廊中，镜面会映射出一个本体的无数个倒影；而高里三喀峰（Gaurishankar）和珠穆朗玛峰其实是同一座山峰，只不过从不同的山谷中看到的样子不一样，因此人们给它赋予了不同的名称[②]。

当然，一些细节丰富的幻象深植在我们的脑海中，阻碍了我们接受这种简单的认识。打个比方，有人告诉我窗外有一棵树，但我并没有真的看到它。通过某种巧妙的机制（人类目前只探索了它较为简单的最初几个步骤），真正的树会把自身的形象投射到我的意识中，我就能感知到这棵树的存在。假如你站在我身边，也朝这棵树看过去，这棵树便也把它的形象植入到你的意识中。这样一来，我能看到我眼中的树，你能看到你眼中的树（和我看见的树非常相似），但我们都并不知道真实的树长什么样。正是康德提出了这种夸张的比喻。如果我们把意识看作独一无二的单数形态（singulare tantum），那么我们就可以顺理成章地说：显然只存在**一棵**真实的树，而所有人看到的画面都不过是幻象。

然而我们每个人都毫无保留地相信，自己的经验与记忆的总和构成了一个整体，这个整体是绝无仅有的，与任何人都不一样。我们把这

① 应为MAYA，即摩耶，意为错觉、幻影。——译者注

② 其实高里三喀峰和珠穆朗玛峰并不是同一座山峰，但均属于喜马拉雅山脉。——译者注

个整体称为“我”。那么，**这个“我”又是什么呢**？

如果你去仔细琢磨一下，就会发现这个“我”只不过是比一组单一数据（经验与记忆）的集合多了那么一点点；“我”不过是张一道道笔触凝聚**其上**的画布。而且，在进行深刻的内省以后，你还会发现“我”实质上是一个装载着经验与记忆的器皿。想象一下，假若你漂洋过海来到一个陌生的国度，与旧日好友断了联络；你开始结交新朋友，与他们分享着生活的点点滴滴，正如与曾经的朋友共同度过的美好时光一般。当你沉浸在新生活之中的时候，偶尔还会想起过去的日子，但这会变得越来越不重要。你可能用第三人称来称呼曾经的自己，“年轻时候的我啊……”。也许，你正在读的小说中的主人公比过去的你更加贴近你的心灵、更为熟稔、更加鲜活。但是，你的生命并没有中断，更不曾死亡。即使一个技艺精湛的催眠师成功将你过去的回忆全部抹去，你也并不会觉得他杀死了**你**。永远不会有值得我们为其消亡而叹惋的个体。将来也不会有。

对后记的注

这里采取的观点与奥尔德斯·赫胥黎[①]的见解非常接近。最近他出版了一本精彩的著作，恰如其分地将其命名为《长青哲学》[②]（*The Perennial Philosophy*，伦敦，查托&温都斯书局，1946年）。这本书不仅非常能够解释本文讨论的内容，还说明了它为何如此难以理解，以及为何如此容易招致异见。

---

① 奥尔德斯·赫胥黎（Aldous Huxley），英国作家，著有《美丽新世界》。——译者注

② “长青哲学”是基于新柏拉图哲学的宗教哲学理论。该理论认为，世上的所有宗教都基于一个单一的、普世的真理。该词由意大利学者奥古斯丁·斯图科（Agostino Steuco）首先提出。——译者注

心灵与物质

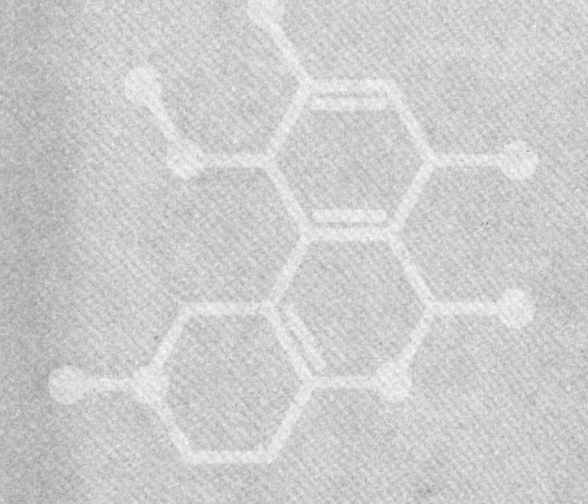

特纳讲座系列

1956年10月，于剑桥大学三一学院

谨献给我声名显赫的挚友汉斯·霍夫

第一章

意识的物质基础

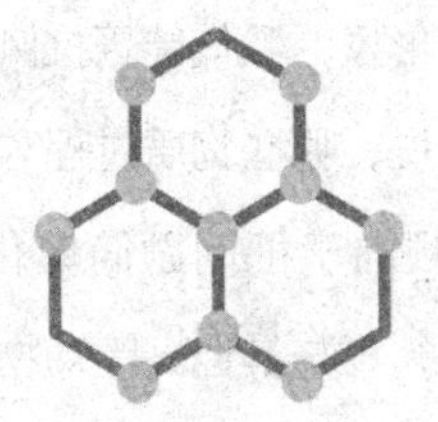

问题所在

这个世界是由我们的感觉、知觉和记忆创造出来的。把世界视为一个独立的客观存在自然是很省事的，但世界无法仅仅依靠自身的力量就能显现出来。人类的大脑是世界上绝无仅有的器官，在它之中发生的某些极其特殊的活动，是世界得以显现的前提条件。这种作用是异乎寻常的，其背后隐含着以下问题：是哪些特性使这些大脑过程如此与众不同，让它们构建出世界的形象？我们能否推测出哪些物质过程有这种能力，而哪些没有？简单点说，哪些物质过程与意识直接相关？

一个理性主义者会倾向于把问题简单化。他的回答大致会是这样：根据我们自身的经验，再与其他高等动物作类比，我们可以认为意识是与有组织的生命物质中的某类事件（也就是某些神经功能）联系在一起的。那么，在动物界中，意识可以追溯到多古老、多“低等”的动物？意识的早期形态是怎样的？这些问题的答案我们都无从得知，只能去凭空揣测，因此应该把这些未解之谜留给那些闲得无聊的空想家们去研究。至于在无机物乃至其他所有材料中，是否会以某种方式产生与意识相关的事件呢？耽于思考这个问题，就更加无稽了。上面的一切都纯属胡思乱想，我们既无法证伪又无法证实，因此去苦苦思索只是白费功夫，也不会为我们认识世界的过程带来帮助。

我们真应该告诉那些搁置上述问题的人，因为选择了避而不谈，他们的世界观里会留下一个多么奇怪的缺口。神经细胞和大脑在某些物种中出现是一个非同寻常的事件，它的重要意义早已众所周知。这是一种特殊的机制，能够适应变化中的环境。个体能利用这种机制不断调整自身的行为方式，在不同的情况下做出相应的反应。在所有类似的机制中，它是最为精巧的一种，因此无论在何处都能迅速占上风。然而，这种机制并非独一无二（sui generis），许多生物（尤其是植物）以全然不同的方式实现了极为相似的功能。

高等动物进化过程中这一原本可能不会出现、却又极其特殊的转折点，是世界在意识之光中显现自身的必要条件。我们是否已经准备好相信这一观点了呢？我们可否把世界比作一出舞台剧，如果意识没有出现，那么观众席上便空空如也；既然这出大戏不为任何人而存在，因此是否应该说它根本就不存在才更合适？在我看来，这标志着人类惯有的世界观轰然倒塌。我们应当尽快想办法摆脱这一困境，而不必因为担心受到理性主义者的嘲讽而畏葸不前。

根据斯宾诺莎的理论，所有特定的事物都是神这个无限实体（infinite substance）的一种分殊（modification）。事物通过神的属性（attribute）表达自己，尤其是广延属性和思维属性。神的广延属性是任何特定事物在时空之内的有形体；而神的思维属性则是祂的心灵，存在于人和动物的心灵之中。但斯宾诺莎也认为，任何无生命的有形体同样也是“神的思想”，即它们也存在于思维属性之中。这种认为“万物皆有生命”的看法是十分大胆的，然而这并非斯宾诺莎首次提出，甚至在西方哲学史上也并非首次出现。早在两千多年前，古希腊伊奥尼亚（Ionian）哲学家就因为这种思想而被称为**物活论者**（hylozoist）[1]。在

① 物活论认为所有物质在一定意义上都具有生命。这种观点起源于古希腊哲学家，但“物活论”一词由英国哲学家拉尔夫·库德沃思（Ralph Cudworth）于1678年创造。——译者注

斯宾诺莎之后，天才古斯塔夫·费希纳[1]坦坦荡荡地承认了自己认为植物、地球乃至行星系统也有灵魂的想法。虽然我并不是这些异想天开的观点的拥趸，但我也不会去评判是费希纳的观点还是土崩瓦解的理性主义更接近终极真理。

尝试性的回答

我们已经看到，所有试图拓展意识的范畴、试图把意识与神经活动之外的东西联系起来并进行合理化的做法，最终都沦为既无法证实也无法证伪的猜测。但是，如果我们反过来看问题，论证的基础就会稍微坚实一些。并不是每一个神经过程都伴有意识，更别说在整个大脑内发生的活动了。从生理学和生物学的角度来看，许多过程与“有意识”的神经过程非常相似，都伴有神经冲动的传入和传出，而且它们能够对反应进行调控和计时（有些发生在系统内部，有些面向不断变化的外部环境），因此具有重要的生物学意义；但这些过程并非是伴有意识的。首当其冲的例子便是脊椎神经中枢及其控制的神经系统的反射行为。除此之外，还有许多反射过程，它们确实经过了大脑，却并没有落入意识的领域，或是在非常接近意识的时候戛然而止了（后面我们将会就此专门探讨）。后一种情况究竟是否产生了意识？这并没有明确的分界线，在完全有意识和完全无意识之间存在着灰色地带。通过观察人体内相似生理过程的众多典型例子并进行推演，应该不难发现我们所探求的意识的独特之处。

---

① 古斯塔夫·费希纳（Gustav Theodor Fechner），德国哲学家、实验心理学家和物理学家，是实验心理学的先驱和心理物理学的创造者，最大的贡献为“韦伯-费希纳定律”，即感觉的强度与所受物理刺激的对数成正比。——译者注

我认为，如下事实便是解开谜题的钥匙。我们都知道，在我们身上发生的事情可以涉及感觉、知觉乃至行动。如果某件事以同样的方式反反复复地发生，它就会渐渐淡出我们的意识。然而，在如此单调的重复中，一旦事件发生的场合或周围环境有所不同，它就会立即回到意识之中。即使如此，也只有那些区别于原始事件的变化或者“差异”最先闯入意识的疆域，因此意识要对它们进行“重新思考”。我们每个人都可以从自身的经历中找到许许多多的类似案例，在此我就不一一列举了。

意识的逐渐淡出对我们精神生活的整个结构来说意义重大，因为精神生活正是通过反复练习而建立起来的。理查德·西蒙把这个过程称为“记忆”（Mneme）[①]，在后面的章节中我们会展开说明。一次单独的、永不重复的经验并不具有生物学意义上的相关性；而生物若要落地生根，就必须在反复出现的（大多时候是周期性的）情境中学会适当的应对方式，并且总是以相同的方式应对同一种情况，这就是生物学价值的体现。我们都切身体会过这样的感觉。在最初的几次重复中，我们的脑海中浮现出了崭新的元素，理查德·阿芬那留斯[②]称之为“已遇到的”（already met with）或“已知的”（notal）。如果某件事被翻来覆去地重复，就会变得越来越例行公事、越来越索然无味；而随着事件从意识中淡去，我们的反应也变得越来越可靠，正如男孩子在梦中也能把诗歌倒背如流，女孩子闭着眼睛也能演奏钢琴奏鸣曲。习惯引领着我们沿着往常的路线去上班，在老地方过马路和拐弯，但我们的心思完全

① 理查德·西蒙（Richard Semon），德国动物学家和进化生物学家，专注于记忆力的研究。20 世纪初，他发展了记忆（Mneme）理论。Mneme 是古希腊的缪斯女神之一，负责掌管记忆。——译者注

② 理查德·阿芬那留斯（Richard Avenarius），德国哲学家，经验批判主义创始人之一。——译者注

不在走路上面，一边走一边在想着其他的事情。但是，一旦情况发生变化——比方说走惯的马路正在修路，我们不得不绕道而行——这时候，发生的改变以及我们对它的反应就能进入意识的范畴。然而，如果连这种改变也开始重复，它就会再次从意识中隐退。另外，在面临多种选择时，我们能就每种情况做出相应的反应，并通过同样的方法把各种应对方式分别固定下来。比如，大学报告厅和物理实验室不在同一个地方，但因为这两处我们都常去，所以我们能够在岔路口不假思索地选择正确的道路。

林林总总的情况变化、随之改变的反应方式以及在面临不同情况时选择的分支路径是不计其数的，它们层层叠叠地交织堆砌，但意识中只保有最近发生的、生物仍在学习和训练的事件。有人会做这样的类比：意识是教导生命学习的导师，他放心地让学生独自完成那些已经训练有素的任务。但是这里我要敲黑板，重重强调一下：这仅仅是个比喻。真实的情况是这样的：保留在意识里的，仅仅是新的情境及其引起的新的应对方式，而经过日锻月炼的娴熟反应则无此待遇。

日常生活中，成千上万的大小事件都要通过学习方可掌握，而且起步阶段需要付出极多的心血。比方说孩童蹒跚学步时，他们的注意力是高度集中的；成功迈出第一步时，他们会欢呼雀跃。而成年生活中的各种琐事，比如系鞋带、开灯、脱衣、使用刀叉……这些都是辛苦习得的技能，习惯成自然后，人们就可以无须特别关注正在做的事情，而让思绪飘到远方。有时候，这些习惯也会闹出笑话。有这样一个故事。据传，一位著名的数学家在家中大摆宴席，但在宾客都如约而至以后，这名大师却不见了踪影。最后，他的妻子在卧室中找到了他。数学家已关好灯，安安稳稳地躺到了床上。这是怎么回事呢？原来，他本来只是去卧室换一件新衬衫，但由于他正苦苦思索一道数学难题，脱掉脏衬衫的这个动作导致他习惯性地做出了接下来的一系列举动。

上述这些发生在精神生活的**个体发育**过程中的事件我们早已耳熟能详，但在我看来，它们却能解释无意识的神经过程中**系统发育**的结果，比如心脏的跳动与肠道的蠕动。后者所处的环境通常极其稳定，就算发生变化，也是有规律的。因此它们已然经受了充分的训练，早就退出意识的范畴了。然而，这种情况并不是非黑即白，其中亦存在着中间地带。例如，呼吸通常是无意识的，但如果情况有变，比如在浓烟弥漫或是哮喘发作的时候，我们就能注意到自己的呼吸了。另一个例子是流泪。我们会因为悲伤、喜悦或疼痛而落泪，尽管我们能够意识到自己在哭泣，但落泪这种行为却很难受主观意识控制。此外，我们从祖先处遗传下来的某些行为被保留在记忆中：比如，我们会因为恐惧而毛发竦立，会因为兴奋而停止分泌唾液。这些反应在进化过程中必然起过重要作用，但放在今天却失去了意义，甚至有些滑稽可笑。

论证的下一步便是把这些概念拓展到神经过程之外的领域。就我个人而言，这是最为重要的一步；但我这里只是简单提一提，因为我不敢肯定是否每个人都能接受这种推广概念的做法。我之所以认为这一步非常重要，是因为这种推演恰恰能够解释我们最开始时提出的问题：哪些物质过程与意识相关或是伴有意识，而哪些物质过程与意识毫无瓜葛？在此，我给出这样的回答：我们前面已经探讨过的神经过程的特征，也可以推广为生物过程的一般特征。这个特征便是：只要过程是新发生的，就和意识相关。

用理查德·西蒙的概念与术语来解释，不只是大脑的个体发育，整个个体的发育其实都是一系列事件“熟记”后的重复。这些事件已经以同样的方式循规蹈矩地发生了成千上万次。根据我们自身的经验，生命的最初阶段是无意识的：在母亲子宫里的发育时期自不必提，在出生后几周乃至几个月，婴儿的大部分时间也是在睡梦中度过的。在这个阶段，婴儿周围的环境几乎保持不变，因此正是养成固有习惯的好时机。只有在器官逐渐开始和环境互动、随着情境的变化调整其功能、在环境的影响下通过反复练习而形成不同的特定反应机制以后，身体发育才开始伴有意识。我们这样的高等脊椎动物体内便有这样的器官，它们主要存在于神经系统中，能够根据我们称之为“经验”的东西不断调整自身，以适应不断变化的环境；意识便与这种功能有关。神经系统是人体内仍在发生系统性变化的部位。如果把人体比作一株植物，那么神经系统就是我们茎干的顶部（Vegetationsspitze）。简而言之，我的一般性假说可以归纳为一句话：意识与生物的学习过程有关，但是**已掌握的技能**（knowing how，德语können）是无意识的。

伦理学

上一节最后部分的概念推广对我来说是非常重要的，但也许并非所有人都能接受。然而，即使没有这一步理论延伸，我所阐释的意识理论似乎也能为从科学的角度解释伦理学铺平道路。

无论在什么时代、什么人群中，所有需要严格遵循的道德规范（Tugendlehre）都建立于自我否定（Selbstüberwindung）之上。伦理学总是在教训我们“你应该如何去做”，这是一种要求、一种挑战，违背了我们的原始意愿。“我愿意”和“你应该”之间的独特对立从何而来？我们被要求强行压制自己的原始欲望、否认真实的自我、无法自由自在地做自己，这难道不是很荒谬吗？确实，我们所处的时代对这种要求的嘲讽，比其他任何时代都要多。我们常常能听到这样的口号：“我就是我，我需要彰显个性的空间！我要充分满足与生俱来的欲望！

所有强加于我的要求都是一派胡言，是传道士的圈套。神就是自然，自然之母按她的心意造就了我，就是希望我成为她愿意看到的模样。”他们公开宣称，康德在《实践理性批判》中论述的道德律实质上是非理性的[①]；然而，要想反驳他们简单粗暴的言论却并不容易。

幸好这些口号的科学根基是摇摇欲坠的。我们对“成为”（das Werden）生命意味着什么已经了然于胸，因此我们很容易明白，有意识的生命一直在与自身的原始冲动打持久战；这场战役并不是某人强行要求我们“应该”去打的，实际上，我们是必须去完成的。我们在自然状态下的原始意志与本能欲望，显然都是从人类祖先处遗传下来的物质基础的精神体现。人类这个物种正在不断进化，而我们这一代人无疑处于进化的最前沿。因此，每个人生命中的每一天都是这个一路高歌的进化过程中的一小步。诚然，一个人生命中的某一天，甚至某个人的整个一生，都只不过是在永不会完工的雕像上的轻轻一凿；但人类在进化过程中的巨变，就是由无数次这样的敲敲打打而精雕细琢出来的。这种伟大转变的物质基础和发生的前提条件，当然就是可以遗传的自发突变。在诸多类型的突变中，究竟哪一种能够得以保留？这在很大程度上取决于突变个体的行为与生活习性。否则，就算经过漫长的时间，我们也无法理解物种起源和自然选择表面上的定向趋势，而且我们也一清二楚，进化的时间毕竟是有限的。

因此，在人生的每一步、每一天中，我们所拥有的某些东西都在更新换代，旧有的事物被改变、被克服、被删除、被取代。生活的现状抵抗着改变的滚滚洪流，我们原始冲动的困兽之斗，就是这

① 伊曼努尔·康德（Immanuel Kant），德国古典哲学创始人。康德认为，道德行为必须出自纯粹的义务，才具有道德的价值。也就是说，排除个人之喜好，仅仅出自善意本身的行为，才具有绝对的善。他还提出了三大道德律：普遍的法则、人是目的、意志自律。——译者注

种负隅顽抗的精神化体现。我们自身既是刻刀也是雕像，既是征服者也是被征服者——这是一种真真正正、持之以恒的“自我征服”（Selbstüberwindung）。

然而，进化是极为缓慢的。且不说人类短暂的一生，就算是王朝的更替，在进化史上也不过是短短的一瞬。认为漫长的进化过程与意识有着直接而重要的关联，岂不是很荒谬吗？进化难道不是在不知不觉中悄无声息地进行着的吗？

这一点也不荒谬。根据前面的论述，情况并非如此。我们总结过，意识是与某些生理活动挂钩的，这些生理活动与环境持续交互，并随着环境的变化而变化。我们还得出结论，只有那些仍处于训练阶段的变化才能被意识探测到，而变化一旦熟练以后，就会被物种内化，成为稳定的、可被遗传的、训练有素的无意识部分。简而言之，意识是进化过程中产生的现象。这个世界得以显现的前提是自身持之以恒的发展与新形态的演化。不再变化的部分会从意识中消失；只有在和进化中的事物发生相互作用的时候，它们才会再次出现。

如果我们承认这一点，那么意识就必然和个体与“真实自我”的抗争密不可分，相互之间甚至是成正比的。虽然这听起来与逻辑相悖，但它已经被古往今来那些最伟大的智者所证明。他们通过生活与语言创造了至高无上的艺术，今天我们称之为人文精神；他们用话语、文字、甚至自己的生命告诉我们，他们被比常人多得多的内心冲突撕扯着。这个世界正是被这些智者的意识之光照耀得格外熠熠生辉，并与他们璀璨的智慧交相辉映。因此，同样饱受自我矛盾折磨的人们或许可以因之获得慰藉；没有内心挣扎之苦，何来永恒之铸就？

千万不要误解我的意思。我是一名科学家，不是一名传道士。请别觉得我在打着人类进化这一宏伟目标的旗号来传播道德规范。这是不可能的，因为道德必须出于无私与公正，不可牵涉自身利害；故而道德这个概念中必已蕴藏了美德的含义，如此方可被大众接受。和别人一样，我也感到很难解释康德道德律中的“你应该”。因为道德法则最简单的形式是“不可自私”；这显然是一个不容分辩的事实，甚至在那些不经常遵循它的人中，绝大多数人也都承认这一点。我认为，这种匪夷所思的现象自有其道理。它表明了人类刚刚开始进行从利己主义到利他主义的生物学转变，正处于变成**社会性动物**的早期阶段。对于独居动物来说，利己主义是一种美德，因为它有助于保护并发展该物种；但是放在群居生活里，利己主义却会给集体造成破坏。刚开始构造社群的物种如果不去努力克服利己主义，在形成气候之前就会走向衰亡。比如说蜜蜂、蚂蚁和白蚁之所以能够成为系统发育的元老，是以完全摒弃利己主义为代价的。然而利己主义的下一阶段——民族利己主义（简称为民族主义），却仍在这些物种身上大行其道。举个例子，要是一只工蜂不幸进错了蜂巢，便会被毫不犹豫地杀掉。

人类身上似乎正在发生着一些转变，这些转变我们在其他物种身上也看到过。在上面提到的第一步转变还远未实现的时候，就有征兆预示着第二次转变将会朝着类似的方向进行。尽管利己主义仍在盛行，但我们中的许多人已经开始发现，民族主义也是一种应当摒弃的恶行。于是，一种非常离奇的现象便由此出现了。在当今社会，第一步转变还远未完成，因此利己主义仍然具有强大的吸引力；然而这却有助于实现第二步转变，即平息国家之间的争斗。我们每个人都惧怕恐怖的新型侵略武器，因此深深渴望着世界和平。如果我们是蜜蜂、蚂蚁或斯巴达勇士，并不畏惧个人的死亡，而把懦弱当作世上最可耻的事情，那么各国之间就会永远交战不休——幸亏我们只是凡人、只是懦夫。

我从很久以前就开始思考本章的话题和结论。三十多年来，这些问题一直在我脑中萦绕；但我非常担心它们会招来反对的声音，因为它们似乎是建立在拉马克主义（Lamarckism）中“获得性遗传”（inheritance of acquired characters）的理论基础之上的[①]。这一点我们并不打算接受；但是，就算我们不承认获得性遗传，转而支持达尔文的进化论，我们也会发现物种中个体的行为可以大大影响进化的趋势，这从某种程度上来说显得像是某种伪拉马克主义。在下一章中，我会使用朱利安·赫胥黎[②]的权威观点来简要解释上面这一点。但是，下一章主要还是专注于解决一个稍稍不同的问题，而不仅仅是为上面的观点提供理论支持。

① 让-巴蒂斯特·拉马克（Jean-Baptiste Lamarck），法国博物学家，最早提出生物进化理论。在《动物哲学》一书中，他提出了著名的拉马克主义，其中最重要的两点是“用进废退”和“获得性遗传”。拉马克认为，生物后天锻炼所获得的性状是可以遗传给下一代的。——译者注

② 朱利安·赫胥黎（Julian Huxley），英国生物学家、作家与人道主义者，倡导自然选择理论。他的同母兄弟是作家奥尔德斯·赫胥黎，祖父是达尔文的支持者托马斯·亨利·赫胥黎（Thomas Henry Huxley）。——译者注

第二章

认识的未来[①]

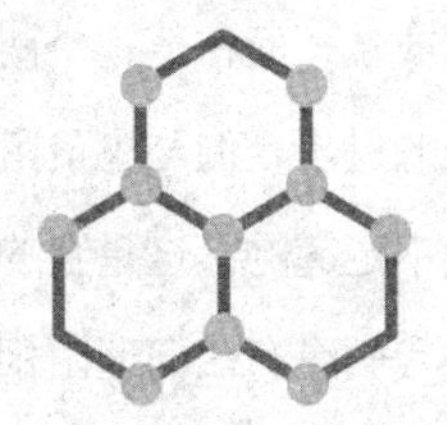

① 1950年9月，英国广播公司（BBC）欧洲服务处首次分三集广播了本章的内容。随后，本章被收入《生命是什么和其他论文》（*What is Life? and other essays*, Anchor Book A88, Doubleday and Co., New York）中。

物种进化的穷途末路?

我相信，我们对世界方方面面的认识绝不可能达到某种终极阶段。换句话说，我们的认识并不存在一个最大值或巅峰状态。我这话的意思并不仅仅是说，我们在各个科学领域的钻研探索以及在哲学与宗教方面的不懈努力很有可能持续不断地开拓我们的眼界并完善当前的世界观。回首过去两千五百年，自普罗泰戈拉、德谟克利特和安提斯泰尼[①]以来，人类取得了巨大的成就；而在下一个两千五百年，我们虽然会以同样的方式继续取得长足的进步，但与先贤留给人类的宝贵知识财富相比，这些进步很可能是微不足道的。这是我的第二层意思。在诸多能够点亮世界的思维器官中，我们没有任何理由相信人脑是其中最无与伦比（ne plus ultra）的。某个物种可能也拥有类似的思维器官，而这个器官所反映出的世界比人类的更为丰富多彩。这个物种之于我们，正如我们之于更为低级的猫猫狗狗甚至是蜗牛虫蚁之流。

假设超级智慧真的可能存在，那么尽管在原则上与主题无关，仅仅是出于切身的利益，我们也会对它非常感兴趣。人类的子孙后代，某天是否有可能在地球上达到这样的思维高度呢？我们从原始的生命形式进化到现在，大概经过了十亿年；而我们的地球仍然年轻、仍然强

① 普罗泰戈拉（Protagoras），古希腊诡辩派哲学家，其名言为“人是万物的尺度”；德谟克利特（Democritus），古希腊自然派哲学家，“原子论”的创始者；安提斯泰尼（Antisthenes），古希腊犬儒学派的奠基人，苏格拉底的弟子，反对柏拉图的理型论。——译者注

健、仍然可以支持我们在宜居的条件下继续生活十亿年。但我们人类自己呢？如果当前的进化论是成立的（确实也没有比进化论更好的理论了），那么人类在未来似乎并没有什么发展空间。人体内发生的生理变化被逐渐固定下来成为遗传特征，用生物学家的术语来说，叫作基因型的变化。既然我们当前的身体构造是通过遗传固定下来的，那么在未来，人体是否还会继续进化呢？这个问题是难以回答的。也许我们正在走进一条死胡同，甚至已然是穷途末路了。这并没有什么好稀奇的，也并不意味着人类这个物种行将就木，马上就要灭绝了。我们从地质记录中观察到，一些物种乃至很大的群落，似乎早早就抵达了进化的尽头。然而它们并没有灭绝，而是在数百万年间保持不变，至少没有什么重大变化。乌龟和鳄鱼就是这样的物种：它们起源的时间非常早，是十分古老的“活化石”动物。我们还知道，昆虫这一整个类群多多少少都处于相似的境地，而昆虫的种类比动物界其他所有的物种数量加起来还要多。几百万年来，地球上其他的生物都发生了巨变，而昆虫的形态基本保持不变。妨碍昆虫发生进化的原因很可能是它们采取的一种生存策略（请不要误解，这只是一种拟人手法）。与人类不一样，昆虫的骨骼是位于体外的。昆虫这套盔甲一般的外骨骼具有力学上的稳定性，能起到保护作用，但是无法像哺乳动物的骨骼一样从出生到成熟期不断生长。因此，昆虫个体注定难以在它的生命周期内发生渐进式的适应性变化。

就人类而言，阻止我们进一步进化的原因似乎有以下几点。前面我们已经说过，生物体内发生的可遗传的变异叫作突变。根据达尔文的理论，“有利”的自发突变会被自动选择出来，而这些突变往往只是进化中微不足道的一小步，较原有的性状而言，也只有那么一点点的优势。这就是为什么达尔文推论道，物种进化中非常重要的一点便是需要繁衍大量的后代。因为只有这样，这些微小的进化优势才有足够的概率在为数不多的幸存后代中体现出来。然而，这种机制似乎在文明人身上不起作用，在某些方面甚至被扭转了。总体而言，人类不忍看到同胞遭受苦痛与杀戮，因此我们逐渐建立了法律和社会制度。一方面我们保护生命，严惩大规模的杀婴行为，并致力于帮助每一个病弱的人生存下来；而另一方面，由于生存资源是有限的，这些人类创建的制度也必须要能取代自然选择优胜劣汰的作用，从而达到控制人口的目的。我们可以通过生育控制来直接减少后代，也可以通过降低适龄女性的婚配率来实现这一目标。有时候，丧心病狂的战争与随之而来的灾难和错误也会为自然平衡做出“贡献”：成千上万的男女老少，都因为饥荒、辐射与瘟疫失去了生命。我想我们这一代人对此再清楚不过了。虽然在上古时期，部落之间的兵戈相见可能还有那么一些积极的自然选择价值，但是从有史书记载的年代开始，战争是否还具有这种“积极”作用就值得怀疑了。毋庸置疑，当前的战争更是毫无价值——它仅仅是无差别的大规模屠杀。而与之相对地，医学与外科手术的发展正在无差别地拯救生命。穷兵黩武的战争与救死扶伤的医学在道德上固然是截然相反的，但它们似乎都无法起到任何自然选择的效用。[①]

达尔文主义的悲观色调

我在上文隐含了这样一个观点：人类这个物种进化的脚步已然停滞不前，未来也不太可能在生物学方面进一步发展。但即便如此，我们也不需因此而忧心忡忡。我们可能会像鳄鱼和大部分昆虫一样，即使没

① 薛定谔已在《生命是什么》第三章“近亲繁殖的危害”中简要论述过本段的思想。《生命是什么》与《心灵与物质》分别著于第二次世界大战前后，作者乃至世界各国人民的厌战情绪可想而知。——译者注

有生物学上的变化，也能继续生存几百万年。然而从哲学的角度来看，这种情况还是有些令人丧气，所以我希望能举出一个反例来振奋人心。为此我必须深入探讨进化论的某一方面，而我是有凭有据的：我在朱利安·赫胥黎教授的巨著《进化》[①]中找到了支持我观点的描述。在他看来，这一方面并未受到当今进化学家应有的重视。

人们通常这样解释达尔文的理论：毫无疑问，生物在进化过程中是被动的。这不禁让人感到灰心。突变是在“遗传物质”（即基因）中自发产生的；而我们有理由相信，突变主要来自物理学家所说的“热力学涨落”，因此它纯粹基于概率。个体无法选择从父母处“继承”的遗传物质，正如它也无法选择留给后代什么“遗产”。另外，“自然选择的适者生存定律”在突变中发挥着重要的作用：有利突变可以提高个体生存与繁育后代的机会，因而能够把有利突变传给下一代。这似乎也是一种纯粹的概率现象。且不谈遗传，生物个体在其生命周期内所进行的其他各种各样的活动似乎都不会给后代带来影响。后天获得的特性是无法被遗传的，所有习得性的技能都会随着个体生命的消亡而灰飞烟灭，不在世上留下任何痕迹，更不会传给后代。因此，个体行为似乎与生物学毫无瓜葛。聪明如你，如果去细细思索这个问题，便会发现大自然并不配合我们的努力，那么积极作为又有何用？这很容易让人陷入虚无主义的怪圈。

你可能已经知道，达尔文的理论其实并不是第一个系统的进化理论。在此之前，拉马克也提出过一套理论，它完全建立在这样的假设之上：在繁育后代以前，生物个体从特定环境中或通过训练习得的所有新的特性是可以遗传给后代的，即使不能全部遗传下去，至少也能在后代

① *Evolution: A Modern Synthesis* (George Allen and Unwin, 1942).

中留下蛛丝马迹。举个例子，如果某种动物因为生活在岩石或沙土上而在脚底下形成了厚厚的茧来保护自己，那么这种茧就会逐渐变得可以遗传，并能够馈赠给它的后代。因此，它的子子孙孙就不必为了获得老茧而付出艰辛的努力。同理，任何器官出于某种目的经过反复练习所获得的力量、技能甚至是器质性的重大变化都不会白白流失，至少能够部分传递给后代。这种观点简洁明了地解释了生物对环境的适应性为何如此精准而有针对性，而这样的特点在所有生物身上都得到了体现。不仅如此，这种观点也是美妙绝伦、积极向上、令人激动、振奋人心的。相对于认为生物处于被动位置的令人泄气的达尔文主义，拉马克的学说显然要吸引人得多：一个智慧生物可以信心十足地认为，自己为了提升身心的能力而经历的艰难险阻和付出的不懈努力都不会付诸东流，而是会积水成渊，在进化的长河中贡献出自己的一份力量，推动物种朝着更完美的方向不断精进。

不幸的是，拉马克主义并不成立。它建立在后天获得的性状可以遗传的基本假设之上，而这个假设是错误的。我们现在已经知道，获得性的特征并不能遗传。进化的每一小步都来自偶然产生的自发突变，与个体在其生命周期内的行为毫无关系。因此，我们只能再次回到让人悲观的达尔文主义。

个体行为影响自然选择

我现在来告诉你们，真实的情况并没有那么悲观。在不改变达尔文主义基本假设的前提下，我们也可以发现，个体运用先天能力的行为方式能在进化中发挥作用，准确地说，是起到了最关键的作用。生物的所有器官、性状、能力或是身体特征，都是生物的特性。这些特性一方面各司其职，被生物有效利用；另一方面代代相传，并根据实际目的不断获得改良。拉马克主义的核心思想是，这两个方面之间有着不可分割的因果关系。依我之见，拉马克准确认识到了利用-改良之间的联系。这种联系也深植于达尔文的观点之中，但如果我们对达尔文学说的理解不够深入，便很容易忽视这一点。拉马克的看法其实是部分正确的，事情发生的过程几乎和他描述的相同，只是这个“机制”比他以为的更加复杂。这一点不太容易理解和掌握，因此我有必要在这里事先对结论做一番总结。我们可以用任何性状、习惯、身体部位、行为甚至是这些特性的微小改良来作为考察对象，但为了使论证更加形象和清晰，让我们先以一个器官为例。拉马克认为，某个器官（a）被使用，（b）因此被改进，（c）这种改进被遗传给后代。这个过程并不正确。我们应该这样来看问题：某个器官（a）发生了偶然突变，（b）通过自然选择，有利突变得到了积累或加强，（c）经过代代相传，这种突变被固定下来，形成了持续不断的进化。根据朱利安·赫胥黎的说法，拉马克的观点最大的谬误在于，事实上最初的变化并不是真正的变异，尚未属于可以遗传的类型。然而如果变化是有利的，这些变化便能被他称为“器官选择”的作用得到强化。我们可以这样认为：这种作用为真正的突变做好了铺垫。当突变正好与“理想”的进化方向相符时，就能立刻被牢牢“抓住不放”。

现在，让我们来探讨一下这个机制的细节。变化、突变或者突变与一点自然选择相结合，可以产生新特性或者改变原有的特性。这导致了一种正反馈，使得生物在其生存环境下更容易做出提高该特性效能的行为，因而自然选择能够把这些特性牢牢“固定”下来。这是我们的论述中最重要的一点。在个体拥有了这些新特性或者经过改良的特性之后，个体可能会改变它的环境——或是通过实际的改造，或是通过迁徙，也可能会改变其行为方式以适应环境。所有这些方式都会有力增强这些特性的实用性，从而加速物种在未来相同方向的选择性进化。

你可能会觉得这个断言太过大胆，因为它似乎要求生物个体具有极强的目的性，甚至需要高度的智慧。但我的说法不仅限于高等动物有目的的智慧行为。下面让我来举几个例子：

在同一个种群中，并不是所有个体都处于完全相同的环境。譬如一种野生的花，有些长在阴影之下，有些长在阳光普照之处，有些长在高山之上，有些长在低谷之中。如果这个物种发生了突变，比方说长出了毛茸茸的叶子；这种多毛突变在高海拔地区是有利的，而在山谷中可能会因为不利于植物生长而“丢失”。这就等效于发生多毛突变的野花逐渐迁徙到一个能够促进突变在相同方向上继续发展的环境之中。

再来看看另一个例子。鸟类凭借其飞行能力得以在高高的树上筑巢，从而让幼鸟避开某些天敌。首先，能够高飞的鸟儿就已经具有了自然选择方面的优势；其次，这种建立在高处的巢穴也能选择出那些善于飞翔的幼崽。因此，具有一定的飞行能力能够改变环境或使个体做出顺应环境的行为，这些改变反过来也有利于积累飞行能力。

物种分化是生物界最突出的特点。许多物种赖以生存的行为出乎意料地专门化，不仅非常特殊，有时甚至相当复杂。动物园便是这些神奇行为的大秀场，如果再加上昆虫的生命发展史，那就更有意思了。生物界的普遍规则是：物种总能习得一些“凡人之想象力所不能及，唯有大自然的鬼斧神工方可创造”的特殊能力，而没有特点的物种反倒成了异类。这些非凡的能力都是达尔文所说的“偶然积累”的结果，这简直叫人难以置信。不管愿不愿意，生物总是会被某种力量或趋势吸引，从起初的“简单直接”朝着更复杂的方向发展。“简单直接”貌似代表着一种不稳定的状态；只要一偏离这种状态，似乎就有某种力量拖拽着生物朝着相同方向进一步偏离下去。那些深受达尔文的独创观点影响的人可能会难以理解，某个身体部位、机制、器官或有效的行为方式竟然是由一连串彼此独立的随机事件发展而来的。实际上，我相信这种情况仅适用于“朝着某一方向进行”的进化的起步阶段。一旦迈出了这一小步，这个物种就可以通过自然选择不断“打磨素材”，创造出有益于自身的环境，并更加系统性地朝着一开始的优势方向继续进化下去。我们可以这样比喻：物种找到了使之生存下去的发展方向，并朝着这个方向不懈努力。

伪拉马克主义

偶发的突变现象能为个体带来某种优势，有助于其在特定环境之中谋求生存。但是随机突变所能做到的并不止步于此，它还能增加物种利用这种优势的机会，从而让环境的选择性影响更好地发挥作用。这是为什么呢？我们必须从宏观视角来理解这个问题，不可贸然解释为万物有灵。

为了更好地说明这一机制，我们可以把环境看作有利条件和不利条件的集合体。有利条件包括食物、水源、栖息地、阳光等，而不利条件则包括来自其他物种（天敌）的迫害、毒素以及恶劣的环境。为了使叙述更加简洁，下文我将把前者统称为“需求”，把后者统称为“威胁”。在现实世界中，并不是每一种需求都能得到满足，也并不是每一种威胁都能成功规避。为了求生，物种必须发展出一种折中的行为方式，使其既能避免最致命的威胁，又能利用最容易获得的资源来满足最迫切的需求。有利突变能够使这两种诉求中的其中一种更容易实现，或是二者兼而有之；突变个体的存活率因而得以提高。但除此之外，突变还能通过改变需求与威胁之间的相对权重来使最优折中点的位置发生变化。通过概率或自身智慧随之调整其行为的个体会更有生存优势，更容易受到大自然的青睐。虽然行为上的变化并不会通过基因组直接遗传给下一代，但这并不意味着行为无法在代际之间传递。最浅显易懂的例子便是我们在上节提及的长出了毛茸茸叶片的野花。这些野花漫山遍野地生长，而发生多毛突变的个体利用其自身优势主要分布在山顶上，它们的种子也散落在附近的区域。因此，我们可以认为下一代“多毛体”正在整体“爬上山坡”，从而“更好地利用它们的有利突变”。

请谨记，所有这些情况通常来说都极为动态，斗争也非常激烈。如果一个种群繁衍的后代很多，但总体数量并没有增长，这通常是因为外部威胁压制住了自身需求（个体生存的情况并不适用于此）。进一步来说，威胁和需求通常是辅车相依的：只有敢于直面强大的敌人，才能满足某个迫切的需求（举个例子，羚羊必须去河边才能喝到水，而狮子当然也知道在河边蹲候猎物）。既然威胁和需求错综复杂地交织在一起，那么对于勇于挑战某种威胁以规避其他威胁的突变体来说，只要发生的突变能稍稍削弱这种威胁，就会把它和其他个体区分开来。这种情况带来了非常显著的自然选择现象，不仅包括对突变导致的遗传性状的选择，还包括对相应技能的选择，不管这种技能是个体偶然得到还是经过努力学习得来的。通常情况下，这些技能是可以通过言传身教来传给后代的；而行为方式的变化，反过来也能让个体在未来的同一方向上发生的突变更容易被选择出来。

这种作用表现出来的效果可能和拉马克描绘的机制极为相似。虽然后天获得的行为方式及其导致的所有生理上的变化都无法直接传给后代，但它们在进化过程中发挥着重要的作用。拉马克的错误在于，他把因果关系搞反了。拉马克认为：行为的改变可以给亲代带来器质性变化，这些变化也能遗传给后代并能改变后代的身体。实际上，正确的顺序是亲代身体上的变化直接或间接地改变了它们的行为；行为的变化能够通过言传身教或者更原始的方式，与突变基因组所携带的生理变化一起传递给后代。就算身体上的变化无法遗传，通过“教学”来传递新行为也未尝不是一种有效的进化催化剂。这为未来的可遗传突变打开了大门。后代得以准备就绪，在激烈的竞争中充分利用这些有利行为，从而更容易成为自然选择的优胜者。

被遗传固定下来的习惯与技能

有人可能会反对道，我们刚才描述的情况也许偶尔会发生，但不可能一直持续下去，最终形成适应性进化的基本机制。因为改变后的行为并不是通过身体来遗传的，也就是说，行为方式的变化并不能通过遗传物质染色体来传递给后代。因此，在变化刚刚发生的时候，这种改变必定尚未被基因固化。然而在现实生活中，习惯明明是可以遗传的。举两个常见的例子：鸟儿会衔草筑巢，我们的宠物猫狗也会不时舔舐自己来清洁身体。那么我们不禁要问，变化的行为逐渐养成的这些习惯究竟是如何被纳入遗传“宝库”之中的？如果传统的达尔文主义无法解释这一点，那它就该被淘汰了。这个问题本身已经非常重要，对人类来说更是如此，因为我们希望能够推断出，每个人毕生的勤奋与努力都能为人类整个物种的发展做出生物学意义上的贡献。我相信这个推断是真实的，下面请让我简要地讲讲理由。

根据我们之前的假设，行为与生理的变化是同时发生的。生理上的偶然变化导致了行为的变化，但是过不了多久，改变后的行为就会把生物后续的选择机制引领至明确的方向。因为生物已经初尝了变化带来的好处，后续的变化只有沿着同一方向，对这个物种才是有利的。但是，随着新器官的不断发育，行为与器官越来越紧密地联系在一起；行为与身体是合二为一的。请允许我详细说明一下。如果你不勤动手，就不可能拥有灵巧的双手；否则，这双巧手反而会碍事（就像拙劣的演员在舞台上进行虚拟化的表演）。如果你不去尝试飞翔，就不可能拥有一双矫健的翅膀；如果你不去模仿周围的声音，就不可能拥有一个灵敏的发声器官。如果生物拥有某种器官，自然也有锻炼这种器官机能与技巧的强烈渴望。因此，若把这二者视为生物的两种特性，将是一种人为的生硬划分。这种划分方法只是一种抽象的概念，在自然界并没有对应物。当然，我们不能认为“行为”最终会逐渐入侵染色体结构或者其他什么类似的东西，并在染色体中占据“位点”。实质上，是新的器官携带着相应的习惯和使用它的方式，而这些新器官确实被基因固定了下来。要是生物并没有充分利用某种器官来帮助自然选择有效进行，那么自然选择是无法“制造出”一种新器官的。这一点是重中之重。因此，器官和行为是相辅相成的；最终（或者也可以说在每个阶段），二者合二为一，被基因固定为一个**使用过的器官**——正像拉马克主义表面上看起来的那样。

把这种自然过程与人类制造机器的过程类比，我们就会豁然开朗了。乍看之下，这两者是截然不同的。在制造一个精巧的机械装置的时候，若是我们耐不住性子，在彻底完工之前就反复试用它，那我们多半会把它弄坏。但是，大自然却不一样。如果不一遍遍使用、探究及检验有效性，就无法制造出新的生物及其器官。所以，实际上这个类比是错误的。人类制造机器的过程其实相当于个体发育，即生命从萌芽到成熟的生长过程。在这整个阶段中，过多的干扰有害无益。我们必须保护年幼的个体，在它们获得这个物种的全部力量与技能之前，不可让它们辛勤劳作。与生物进化真正对应的是诸如自行车发展史之类的展览。自行车每一年、每十年的变化都能在展览中呈现；同理，火车发动机、汽车、飞机、打字机等等的发展史也可以拿来与生物进化类比。问题的关键在于，和自然过程一样，机器显然必须被持续不断地使用方能得到改进。准确地说，不是通过使用这个过程本身来改进，而是通过在使用中获得的经验及反馈的意见来改良。顺便说一下，自行车的例子也能用来类比本章中提及的“活化石”生物。像自行车一样，这些物种已经几近完美，几乎没有再改进的可能。当然，它们也不会因此在世界中销声匿迹！

智力进化的危险

现在，我们又回到了本章开头的问题。我们提出了这样的疑问：人类还能否在生物学上继续进化？我相信，前面的论述已经为我们提供了两个与之相关的观点。

第一点是行为的生物学意义。行为本身虽然不能遗传，却能够顺应个体的天赋与周围环境，并在这些因素发生变化的时候做出调整。因此，行为能够显著加快进化的过程。在植物和较为低等的动物中，适当的行为方式是通过缓慢的自然选择过程，即通过不断试错来实现的。然而，人类这种具有高度智慧的生物能够选择自己的行为，这个优势是不可估量的。人类有这样的弱点，繁殖速度缓慢且分布相对分散；同时，考虑到资源环境的承载力是有限的，为了避免生物学上的危险，人类会控制后代的数量，这更是进一步降低了物种繁衍的速度。但是，人类在智力上的优势或许能轻松弥补这个缺陷。

第二点与第一点密切相关，主要针对“人类还能否在生物学上继续进化”这个问题。从某种意义上来说，我们已经推导出了完整的答案，即：这将取决于我们自身以及我们的行为。我们不能因为相信命中注定的事情无法改变而选择坐以待毙。如果我们想要某件事情发生，就必须采取行动，否则，我们就不可能得到想要的东西。政治和社会的发展以及历史事件的演进大体上也是如此；它们并非由命运之轮强加给我们，而是在很大程度上由我们自己的行为决定的。我们的生物学未来其实就是时空跨度很大的历史，所以，我们决不能认为人类的命运早已由自然法则决定，无可改变。假如有一种超级生物，看待人类就像人类看待鸟儿和蚂蚁一样，那在它们看来人类可能就是由命运操纵的；但对于人类自身而言，我们就是舞台上的主角，命运并不能做主。人们往往倾向于认为狭义和广义的历史都是命中注定，由我们无法改变的规律与法则决定，原因是相当明显的。除非自己的观念能得到广泛宣扬，并说服众人也如此行事，否则，每个人都会觉得自己仅仅是历史中的沧海一粟。

那么，为了保障人类的生物学未来，我们应该如何去做呢？在这里，我只谈谈其中我认为最重要的一点。在我看来，我们现在正处于最危急的时刻，就快要错过“通往完美之路”的最佳时机了。我在前面提到，自然选择是生物学进化必不可少的条件。若是完全除去自然选择，进化就会停滞不前，甚至会发生倒退。援引朱利安·赫胥黎的话：“……退行性（丢失的）变异会导致器官的退化，当这个器官变得毫无用处时，自然选择也就不再作用于它，也不会让它维持在可用的水准之上。”

当今社会，生产过程正日趋机械化和“无脑化”。我相信，这会使我们的智力器官普遍退化，造成严重的危害。手工活儿越来越被低估，在单调枯燥的流水线上，机灵与迟钝的工人越来越无差别化。这样一来，聪明的头脑、灵巧的双手和敏锐的双眼又有何用？事实上，不够聪明的人在这种系统中会更加如鱼得水，因为他们能够自然而然地顺应沉闷的工作；他们可能会更轻易地获得稳定的生活，安居乐业，生儿育女。这很容易导致对才能与天赋的负面选择效应，后果严重。

在现代工业社会中，生活是非常艰辛的。因此，用于改善这种状况的福利与保障制度也应运而生，例如为保护工人免遭剥削和失业所制定的法律法规。人们认为这些措施是有益的，甚至已变得不可或缺。但是，我们决不能无视这样一个事实：在减轻个体对自己所负的责任与平均分配就业机会的同时，人才的竞争也可能会被削弱。这给人类生物学上的进化踩了一脚急刹车。我知道，这个观点会引起很大的争议。有人可以有力地反驳道，我们应该更关注人类当前的福祉，而不是去担忧未来的进化方向。所幸的是，我有更好的理由。我相信，这两点其实是互为表里，不可分割的。在需求之外，无聊已成为我们日常生活中最大的祸患。我们必须改进发明出来的精巧机器，让它们从人类身上卸下所有纯体力的、单调枯燥的、机械化的劳动，而不是生产出越来越多不必要的奢侈。我们的目的在于由机器来接替人类已经太过熟练的活计，而不是由人去接手那些机器成本太高昂的工作。遗憾的是，后面一种情况是时下的潮流。如果让机器替我们去做简单重复的劳作，尽管不会降低生产成本，却会让生产者更加快乐。但是，只要世界各地的大公司一天不停止激烈的竞争，这个目标就一天不可能实现。这是一种没有意义的竞争，因为它不会为我们带来生物学上的价值。我们应当致力于回归到人和人之间其乐无穷的智力竞争。

第三章

客观性原则

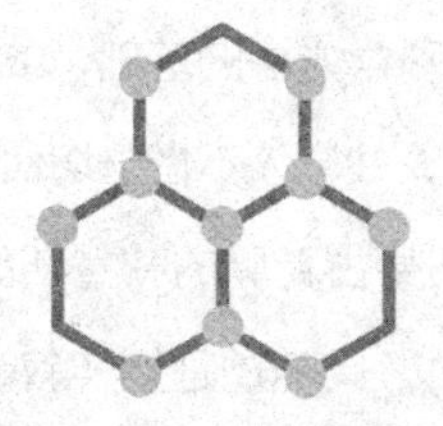

九年前，我提出了科学方法中提纲挈领的两大基础原则：自然的可理解性原则和客观性原则。自那以后，我常常谈及这个话题，上一次是在我的小书《自然与希腊人》（*Nature and the Greeks*）[①]中。在此，我希望深入探讨一下第二个原则，即客观性原则。在收到一些针对那本书的评论后，我意识到这个观点可能会招致一些误解，尽管我自以为在那本书的开篇就已经说清楚了。因此，在展开说明客观性原则之前，让我再来澄清一遍。有人似乎以为我写那本书的目的就是制定基本原则，规定哪些原则**应该**被用作科学方法的基础，或至少规定哪些原则能够公平合理地成为科学的基础，并应该不惜一切代价去坚持。但这根本不是我的意思。这两条原则都是古希腊的智慧结晶，是西方科学和科学思想的起源。我现在所做的，只不过是如实叙述这两条**既成事实**的原则而已。

当然，这种误解并没有什么好大惊小怪的。如果一个科学家大肆宣扬科学的基本原则，并强调其中两点格外基本、尤为源远流长，那么你自然会认为，这至少说明他对这两条原则青睐有加，并希望将之强加于人。但另一方面，你会发现，科学从来不会强迫人们相信任何东西；科学仅仅**陈述**事实。科学的目的不过是对事物进行真实准确的陈述。要是非得说科学家强迫了什么，那就是他们只向科学界全体同仁要求两件事：真理与真诚。目前我们讨论的对象是科学本身，是它当前发展成了什么状况，而不是它**应该**成为的模样，或是未来**应该**发展成的模样。

① 剑桥大学出版社，1954 年。

现在让我们进入正题，来谈谈这两条原则。关于第一条“自然可理解性”原则，我在这里只是简单说几句。最令人惊讶的事实在于，这条原则必须被发明出来，而且发明它是极有必要的。它起源于米利都学派[①]，自然哲学（physiologoi）的拥护者。从那时起，它就没怎么变动过，尽管也许并没有完全不受影响。比方说，现代物理学就可能会为它带来非常大的冲击。量子物理学中的不确定性原理表明，大自然中可能并不存在因果律；这或许意味着我们正在远离这条原则，甚至必须部分抛弃它。这个问题非常值得玩味，但我想把重点放在另一条原则上，即我所说的客观性原则。

客观性原则也常被称为我们周围的“真实世界假说”（hypothesis of the real world）。我认为这是一种简化，目的是理解极端复杂的自然问题。我们正在把认知主体（Subject of Cognizance）从我们努力去理解的大自然中抽取出来，但我们并没有意识到自己在做什么，也没有做一番严谨而系统的思考。我们往后退了一步，去扮演一个不属于这个世界的旁观者角色；通过这种手段，世界便成了一个客观世界。

但是，以下两种情况却为这种方法蒙上了一层阴影。第一，我周围的真实世界是我从感觉、知觉和记忆中构建出来的，而与我的思维活动有着直接而紧密联系的身体，也是这个真实世界的一部分。第二，他人的身体也是这个客观世界的一部分。现在我有充分的理由相信，其他人的身体也是与意识挂钩的，更确切地说，是意识所依托的物理存在。尽管我的主观意识没有任何可能直接进入另一个意识领域，但我毫不怀疑除我之外其他意识的存在和真实性。因此，我会倾向于把它们视为客

① 米利都学派（Milesian School），古希腊的一个哲学流派，代表人物有泰勒斯、阿那克西曼德、阿那克西美尼等。这个学派是理性思维的先驱，致力于用观测到的事实解释世界，而不是古希腊神话。该学派的主要研究对象为万物的本源。——译者注

观事物，是我身边真实世界的组成部分。再者，我和其他人之间没有本质区别，然而我们的意图和目的是完全对称的，凭此我就可以推断出，我自己也是身边真实物质世界的一部分。以上一连串推论最终导致了灾难性的逻辑混乱：这样一来，就可以说是我的知觉构建了世界，而我又把我的知觉放回了这个世界。我们应当指出每一步推论的错误之处，但现在请先让我谈谈首当其冲的两个最明显的悖论。我们深知，若想描绘出差强人意的世界图景，就必须付出高昂的代价：退出我们所生活的世界，以置身事外的旁观者角度去观察它；而这正是这两个悖论出现的原因。

第一个悖论是，我们描绘的世界图景是“无色、冰冷、无声”的。这看似令人大跌眼镜，但细想来自有其道理。颜色、声音和温度都是我们的直接感觉，如果我们把自己的精神世界排除出世界模型之外，世界中当然会缺乏这些东西。

第二个悖论在于，我们锲而不舍地探索心灵与物质的相互作用，却是竹篮打水一场空。查尔斯·谢林顿爵士[1]在他的著作《人的本性》（*Man on his Nature*）中详细描述了他真诚的求索。只有把我们自身（或者说心灵）从世界中抽离出来，才能构建出物质世界；这样说来，心灵并不是世界的一部分。因此显而易见，心灵既不能作用于物质世界，也不能被物质世界中的任何部分所左右（斯宾诺莎曾用一个简明的句子陈述了这一观点，请见本章稍后的部分）。

我想更深入地讨论一下我方才谈到的几点。首先，请让我引用卡

① 查尔斯·谢林顿爵士（Sir Charles Sherrington），英国神经生理学家、组织学家、细菌学家和病理学家，曾获1932年诺贝尔生理学或医学奖。——译者注

尔·古斯塔夫·荣格[1]论文里的一段话。我很欣慰，因为它在十分不同的语境下强调了与我相同的观点，尽管是以一种冷嘲热讽的方式。我仍然认为，为了获得差强人意的客观世界图景，我们不得不将认知主体从这幅图景中移除；而荣格则更进一步，批评我们为一个僵局付出了太过高昂的代价。他是这么说的：

> 一切科学（Wissenschaft）都是灵魂的功能，所有的知识都扎根于灵魂。灵魂是宇宙间无数种奇迹之中最为伟大的，它是把世界视为客观对象的必要条件（conditio sine qua non）。令人惊讶的是，西方世界（除了极少数例外）严重低估了心灵的价值。认知的外部对象铺天盖地，把认知主体逼至幕后，有时候甚至显得好像不存在一般。[2]

荣格说得当然没错。作为心理学专家，他对这个问题自然比物理学家和生理学家要敏感得多。然而我想指出，一下子放弃我们坚守了两千多年的原则是非常危险的。虽然我们可能在某个特殊而重要的领域换来些许自由，但必须冒着失去一切的风险。然而，问题就摆在眼前。心理学是一门相对年轻的学科，迫切需要在科学领域找到自己的位置；这就会导致我们不得不重新思考一开始提出来的问题。这是一个艰巨的任务，我们无须在此书中着手解决这个问题，能把它指出来就已经足够了。

---

① 卡尔·古斯塔夫·荣格（Carl Gustav Jung），瑞士心理学家、精神科医师、分析心理学的创始者。曾与弗洛伊德共同创立国际精神分析学会，后二人因学术分歧而分道扬镳。——译者注

②《爱诺思年鉴》（*Eranos Jahrbuch*），1946 年，第 398 页。

我们可以看到，心理学家荣格批评心灵（即他所说的“灵魂”）被排除在我们的世界图景之外，被我们严重忽视了；但我也想补充几个相反的例子。我会引用一些前人的话，他们都来自稍早一些、尚处于发展阶段的物理学和生理学界。所有这些都只是为了陈述一个事实，即：所谓“科学世界”的客观程度已变得触目惊心，没有给心灵和直观感受留下丝毫容身之地。

一些读者可能还记得亚瑟·斯坦利·爱丁顿爵士[1]的“两张写字台”：一张是他再熟悉不过的旧家具，他常常坐在桌前，把双臂搁在上面；另一张是科学意义上的物体，不仅无法被任何感官感觉到，而且千疮百孔。后一张桌子的主要组成部分只是空荡荡的空间，仅仅是一片虚无；虚无之中散落着无数细小的颗粒，这些小颗粒便是原子核与围绕其旋转的电子，但它们之间的间隔始终如此之大，至少是它们自身大小的十万倍。对比了两张桌子之后，爱丁顿用生动的比喻精彩地总结道：

> 在物理学的世界中，我们仿佛在观看一出描绘我们日常生活的皮影戏。幕布之上，我的影子手肘放在影子写字台上，影子墨水在影子纸上流淌……我们近期取得的尤为重要的进展，就是真真切切地意识到物理科学关注的是一个影子世界。[2]

请注意，最新的研究进展并不在于赋予物理世界这种“影子式”的属性。其实，这种观点可以追溯到古希腊阿布德拉（Abdera）的德谟

① 亚瑟·斯坦利·爱丁顿爵士（Sir Arthur Stanley Eddington），首个用英语宣讲相对论的科学家，“爱丁顿极限”以他命名。——译者注

② 《物理世界的本质》引言。

克利特，甚至更久以前，只不过我们当时并没有意识到。我们一直以为我们在研究世界本身，而直到19世纪下半叶（据我所知不会更早了），才出现了使用模型或图片来描绘科学概念的手段。

此后不久，查尔斯·谢林顿爵士出版了他的重要著作《人的本性》[1]。在这本书里，谢林顿真诚地探索了物质与心灵相互作用的客观证据。我之所以强调“真诚”一词，是因为一个人确实需要严肃的态度与诚恳的努力，去寻找一个他事先就深信无处可觅的东西。在当时的主流观点中，这种证据是子虚乌有的。谢林顿在书中第357页简要总结了自己的搜寻结果：

> 所有的感知都通往心灵。因此，心灵来到了我们生活的广袤世界之中。它的到来却是悄无声息的，比幽灵更神秘莫测。它看不见、摸不着，甚至没有轮廓；它并不是一个“东西”。它无法通过感觉来确认，我们永远也无法捕捉到它的踪影。

请容许我用自己的话转述一下上面的观点：心灵用自身的材料构建出了自然哲学家眼中的客观外部世界。然而，心灵却把自己排除在这个世界之外，从它概念性的创造中撤退出去。如果不通过这种简化的方式，它便无法完成这项艰巨的任务。因此，概念世界中并不包括它的创造者——心灵。

仅仅通过援引书中的只言片语，实在难以表达出谢林顿这本不朽经典的伟大意义；各位必须亲自去阅读它。尽管如此，我还是再来列举

① 剑桥大学出版社，1940年。

几个尤其值得玩味的句子。

> 物理科学……使我们面临一个僵局：心灵本身（per se）不能弹钢琴——心灵本身甚至不能移动一根手指头。（第222页）
>
> 于是，我们遇到了这样一个僵局：对于心灵“如何”作用于物质，我们一无所知。这种矛盾使我们举步维艰。其中是不是有什么误解？（第232页）

读完这位20世纪实验生理学家得出的结论，请大家再来看看17世纪最伟大的哲学家斯宾诺莎的精辟陈述（《伦理学》第三部分，命题2），并比较一下：

> Nec corpus mentem ad cogitandum, nec mens corpus ad motum, neque ad quietem, nec ad aliquid (si quid est) aliud determinare potest.
>
> （身体不能决定心灵，使它思想，心灵也不能决定身体，使它动或静，更不能决定它使它成为任何别的东西，如果有任何别的东西的话。）[①]

这是一个**无可争辩**的僵局。这是否意味着，我们其实并不是自己行为的执行者？然而，我们却还是感到我们应该为自己的行为负责，并根据具体情况获得赞美或受到惩罚。这是一个可怕的悖论。我坚持认

① 这句话薛定谔在《生命是什么》的第六章开头也引用过。此处的翻译选用了贺麟先生的译本。——译者注

为，现阶段的科学无法解决这个问题，因为当今科学仍然笼罩在“排除原则”的阴云里而不自知。这个悖论至今悬而未决。认识到这一点是很重要的，但这并不能解决问题。你并不能像议会投票那样来取消“排除原则”。要解决问题，我们必须重建科学的态度、重塑科学的样貌，然而这些都不可贸然行事，必须慎之又慎。

我们正面临着以下难以置信的情形。我们的感官可谓心灵的器官，而我们的世界图景是完完全全通过感官构建出来的。因此，每个人的世界图景终究是他心灵的营造，我们也不能证明这些图景有任何其他的存在形式。但是，有意识的心灵本身却是这幅图景中的陌客，在其中没有任何立足之地，我们在哪里都找不到它。我们通常并不会觉察到这个事实，因为我们有着根深蒂固的观念：人或动物的个性存在于身体内部。当我们发现在身体内部无法找到个性的踪迹时，我们是错愕的。我们开始自我怀疑、犹豫踟蹰，并不愿意承认这一点。我们早就习惯于把有意识的人格定位在人的脑袋之中——更准确地说，是两眼之间连线的中点往内一到两英寸的地方。在不同的情况之下，那里的东西让我们感受到理解、爱和温柔，也可以让我们表现出怀疑和愤怒的神情。不知大家有没有注意到，眼睛是一个被动接受的感官，也是唯一一个我们没有意识到这种特性的感官。在我们天真的想法中，眼睛是向外界射出“视线”的，而不是从外界接收“光线”。这种“视线”经常出现在漫画中，甚至在一些年代久远的光学仪器或者光学定律的示意图上：一条虚线从眼睛中延伸出来指向看到的物体，离眼睛较远一端的箭头表示方向。亲爱的读者，尤其是亲爱的女读者们，请回忆一下，在你送给孩子一个新玩具的时候，他们把热切的目光投向你，眼神明亮。但是，物理学家会告诉你，在现实中，孩子的眼睛里没有发射出任何东西；相反，眼睛唯一一个可被客观观测到的功能是，它持续不断地遭到光量子的撞击并接收光量子。所谓的现实，多么奇怪的现实！我们是不是漏掉了什么？

我们很难发现这样一个事实：我们把人格与有意识的心灵定位于身体内部，只是出于实际需要，仅仅具有象征意义。请大家带着我们已学的所有知识，随我来看看身体的内部。在那里，我们可以见到一派繁忙而有趣的景象，好似一台机器正在有条不紊地运作。其中无数高度专门化的细胞以一种非常复杂的方式排列在一起。这些排列方式令人难以理解，但显然形成了广泛深远、高度完善的细胞交流与合作的模式。电化学脉冲有规律地搏动，快速切换着状态，并在神经细胞之间传导。每一个瞬间都有不计其数的触点打开或关闭，这引发了化学变化，可能还有我们尚未发现的其他变化。这些情况我们都已经非常清楚了。可以肯定的是，随着生理学的发展，我们还会了解得更为深入。

现在让我们来假设一下，在一个特殊的场合中，你通过某种方式观察到大脑发出了几束脉冲电流，它们通过长长的细胞突触（运动神经纤维）传导到手臂的特定肌肉里。这使得你迟疑地举起了手，颤抖着挥帕告别。同时，你还可能观察到其他一些脉冲电流导致某个特定的腺体分泌出液体，这使得泪水蒙上了你悲伤的双眼。这便是令人心碎的漫长别离啊！但可以肯定的一点是，无论生理学发展到什么程度，在这整个过程中，不管是眼睛、神经中枢、手臂肌肉还是泪腺，你都不可能在它们之中找到人格的存在，也永远不会找到灵魂所承受的巨大痛苦和哀伤怅惘。尽管如此，这些刻骨铭心的伤痛仍然如此真切——事实上，你也的确正在遭受着这些痛楚！生理分析展现的图景给予了我们了解他人的方式，比方说我们的挚友。这让我想起了埃德加·爱伦·坡[1]精彩的

① 埃德加·爱伦·坡（Edgar Allan Poe），美国作家、诗人、编辑与文学评论家，以哥特风格的悬疑与惊悚小说闻名。——译者注

短篇小说《红死病的面具》（*The Masque of the Red Death*），我想很多读者都对它印象深刻。故事讲述的是，为了躲避肆虐四方的红死病，一个王子携随从躲到了一个与世隔绝的城堡中。度过了一周平静的生活后，他们举办了一场盛大的化装舞会，每位宾客都需要身着盛装、戴着面具出席。其中一位尤其引人注目。他个子很高，全身笼罩着红布，显然装扮成了红死病患者的样子。得要多么狂妄才会选择这身行头！这让众人不寒而栗，怀疑他是一个不请自来的陌生人。最后，一个勇敢的年轻人走上前去，猛然扯下了他的面具与兜帽。里面竟然空空如也。

尽管我们的头盖骨之下并非空无一物，但无论我们对其中的东西多么感兴趣，与对生命和灵魂的情感相比，它都不值一提。

刚意识到这一点时，你可能会感到沮丧。但是在我看来，要是你去仔细想想，这反倒是一种慰藉。假若你的至交好友不幸去世，面对他的遗体时，想到这个肉体从来没有承载过他的灵魂，而仅仅是象征性地“为了实用”，这难道不会缓解你的哀思吗？

当前，量子物理学的主流学派的领军人物有尼尔斯·玻尔、维尔纳·海森堡和马克斯·玻恩[①]等人，他们一致强调了有关主体和客体的一系列观点。对物理学有着浓厚兴趣的朋友可能想听我谈谈对这些观点的评价，以作为对上述思考的补充。我先来简单描述一下量子物理学家

① 尼尔斯·玻尔（Niels Bohr），丹麦物理学家，1922年诺贝尔物理学奖得主。他提出了原子的玻尔模型及量子力学中的互补原理。他于1921年创立了哥本哈根大学的理论物理研究所。维尔纳·海森堡（Werner Heisenberg），德国物理学家，1932年诺贝尔物理学奖得主。他是量子力学的创始人之一，“哥本哈根学派”代表性人物，提出了“不确定性原理”。马克斯·玻恩（Max Born），德国理论物理学家与数学家，1954年诺贝尔物理学奖得主，与海森堡和约尔旦共同提出了量子力学的矩阵力学表述，并为薛定谔方程给出了概率密度函数诠释。——译者注

们的观点[①]。

如果不去“接触”一个特定的自然物体（或物理系统），我们就不能对它做出任何事实性的陈述。所谓的“接触”，是真实的物理作用。即便我们只是“看着”，光线也会撞击到我们所凝视的物体，然后反射到人眼或其他观测仪器之中。这便意味着我们的观测会影响研究对象。在彻底孤立某个物体的情况下，我们无法获取到关于这个物体的任何信息。该理论进一步断言，这种干扰既不是完全无关，也不是完全可以被观测到的。因此，不管我们多么努力，观察多少次，我们总是只能观测到物体的某些属性，而其他的属性仍然停留在未知或是无法获得准确信息的状态。能观测到的属性是我们最后一次测量的结果，而其他属性则被最后一次观测所干扰。这种情况解释了我们为什么不可能全方位、无死角地描述任何一个物理系统。

如果我们不得不承认这一点（这种可能性非常大），那么我们就和自然的可理解性背道而驰了。可是，我在这里并没有责难的意思。我一开始就说过，我虽然提出了科学的两大原则，但这并不意味着它们对科学有约束力。它们只是反映了在物理科学发展的数千年来，我们都在坚守什么，又有什么难以改变。我个人并不确定，凭借我们当前的认识，是否能够去改动这些原则。依我之见，我们可以去修改物理模型，使它们在任何时候都不会出现原则上无法被同时观测的属性。这种模型自然更难处理同时发生的属性，却更能适应环境的变化。尽管如此，这只是一个物理学内部的问题，并非本书所要解决的内容。但从前面解释过的理论来看，测量仪器对观测对象产生的干扰是无法避免的，而且我们还无法观测到这些干扰。因此，我们可以得出一个深远的结论，它关

① 见我的书《科学与人文》，剑桥大学出版社，1951 年，第 49 页。

乎认识论的本质，具体涉及主体和客体之间的关系。这意味着，物理学的最新发现已经触及了主体和客体之间的神秘界限，而这条界限根本不是泾渭分明的。我们认识到，只要我们去观测一个物体，这个物体就必然被我们的观测行为所改变，或是受到影响。我们还认识到，随着观测方法的不断完善与对实验结果持之以恒的分析与思考，主体和客体之间的界限便已经被打破了。

为了批评上述论点，我必须得接受一种由来已久的观点：客体和主体之间有着明确的界限。许多古代的思想家都承认这种界限，到了近代，这仍然是诸多思想家普遍的看法。从阿布德拉的德谟克利特到“柯尼斯堡的老人”[①]，在所有接受此界限的哲学家中，几乎没有谁不强调我们所有的感觉、知觉和观察都带有强烈的个人主观色彩。借用康德的话，它们并不会表现出“物自体”（Thing in itself，德语Ding an sich）的本质[②]。尽管一众哲学家对此的解读多多少少有些差异，但康德却让我们彻底认命了：我们根本不可能知道“物自体”究竟是什么。因此，康德“一切表象皆为主观”的看法早已深入人心。现在，我们又往这个概念中添加了新的内容：我们对外部环境的印象，很大程度上取决于我们感觉中枢的性质和即时的状态；反过来说，我们希望接收到的环境也被我们的观测所修改，尤其是被我们用来观察环境的设备所改变。

也许这便是事实——至少在某种程度上是对的。根据新发现的量子物理学定律，我们也许不能把这种改变降至某个确定的限定值之下，但我还是不愿将其称为观测主体对客观事物的直接影响。因为观测主体

① 此处指康德。终其一生，康德几乎未曾离开过故乡柯尼斯堡（Königsberg），却于一隅之地构建出了宏大的哲学世界。柯尼斯堡现名加里宁格勒，属于俄罗斯领土。——译者注

② “物自体”又称“自在之物”（Ding an sich），是独立于观察的客体。康德认为，我们通过感知只能了解到客观世界的“表象”，表象背后的“物自体”是我们无法认识到的。——译者注

（如果真有的话）指的是感觉和思维，而这两者并不属于所谓的“能量世界”（world of energy），自然也不能改变这个世界。斯宾诺莎和查尔斯·谢林顿爵士也持有相同的观点。

上述的所有观点都基于一个深入人心的理念，即主客体之间存在着分明的界限。虽然我们在日常生活中，必须“为了实用”而接受这个理念，但我认为应当在哲学思辨中摒弃这一观点。康德早已揭示了，它会导致僵化的逻辑后果：“物自体”的概念极端高妙，却又是十分空洞的。我们永远也不可能认识到“物自体”的哪怕一分半毫。

我的心灵与其构建的世界均由相同的元素组成。这也适用于一个心灵和另一个心灵所构建的世界，尽管这诸多世界中存在着大量不可捉摸的“交叉参照”的情况。于我而言，世界是一次性给予的，并非先存在着一个世界，然后再被我感知，并构建成另一个世界。主客体是合二为一的。我们并不能认为主体和客体之间的界限是被物理学的最新成果所打破的，因为这个界限本来就不存在。

第四章

算术上的悖论：心灵的单一性

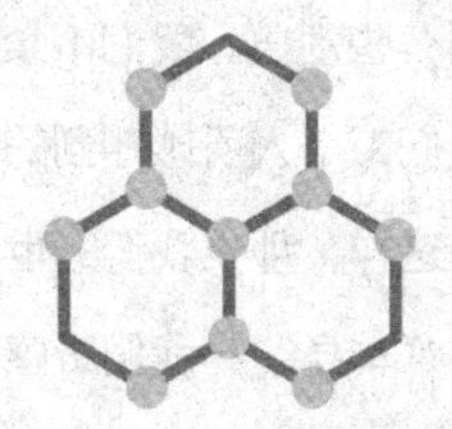

我们描绘了一幅科学世界的图景，但在这幅图景中，我们遍寻不到有知觉、会感受、能思考的自我。其中的原因很简单，可以用一句话概括：自我就是世界图景本身。既然自我与世界是浑然一体的，那么这两者之间当然不是整体和部分的关系。但是这样一来，算术上的悖论就出现了：有意识的自我不计其数，而世界却只有一个。这一悖论来源于“世界”这个概念产生的方式。每个个体“私人”的意识领域都有重合的部分，而所有意识都重合的区域构成了“我们周围的真实世界”。即使是这样，我们仍然感到有些别扭。我们不禁要问：“我的世界真的和你的世界一样吗？除了我们每个人所感知到的世界图景，是否还存在一个真实的世界？如果真是这样，那么我们的世界图景是否与真实世界的面貌无异？还是说，世界“本身”与我们所感知到的迥然不同？”

这样的问题虽然引人深思，但依我之见，它们很容易混淆视听。因为，这些问题是没有明确答案的。它们要么已然自相矛盾，要么会导致二律背反的情况出现，我称之为算术上的悖论：**许许多多**有意识的自我，从它们的精神体验中创造出一个**单一**的世界。如果我们能解决这个悖论，那么我们就能解答上述的所有问题。而且我敢说，它们都是伪命题。

我们可以通过两种方法来解决这个算术上的悖论。只不过从现代科学（它们都源于古希腊思想，因此完全是“西方”的理念）的角度来看，这两种方法都显得像是痴言妄语。其中一种方法是莱布尼茨[①]令人不

① 戈特弗里德·威廉·莱布尼茨（Gottfried Wilhelm Leibniz），德意志哲学家、数学家，被称为“17 世纪的亚里士多德”。他和牛顿先后独立发明了微积分，并与笛卡尔和斯宾诺莎并称为 17 世纪三位最伟大的理性主义哲学家。——译者注

安的“单子论”（doctrine of monads）中的多重世界概念。每一个单子都是一个世界，它们之间无法交流；单子“无窗”，是“不可沟通”的。尽管如此，单子之间却能通过所谓的“前定和谐”[①]以相互调和。我想很少有人会认同这种说法，更不会有人觉得它缓解了数字上的悖论。

显然，我们只剩下了一个选项：心灵或曰意识的大一统。心灵或意识，看似有千千万万，但实际上世间有且仅有一个心灵。这正是《奥义书》的主旨。不仅仅是《奥义书》，许多人神合一的神秘体验都支持了这种观点，除非它受到主流思想的强烈反对；这便意味着，这种说法在西方比在东方更难以被人接受。下面我将引用一个《奥义书》以外的例子，它出自13世纪伊斯兰时期的波斯神秘主义者阿齐兹·纳萨菲（Aziz Nasafi）。我从弗里茨·迈耶（Fritz Meyer）的论文[②]中摘录了如下内容。论文中是原文的德译，我再把它转译为了英语：

> 一切生灵逝去之后，灵魂将会返回灵魂世界，而肉体则会回到肉体世界。然而，只有肉体会发生改变。在灵魂世界里，只存在唯一的灵魂。它仿佛一盏明灯，茕茕孑立于肉体世界背后；每当一个生命降临之时，这个唯一的灵魂便犹如光线透过纱窗一般，穿过新生命的身体。照进世界的光的多少取决于窗户的种类及大小，但光本身是永恒不变的。

十年前，奥尔德斯·赫胥黎出版了一本珍贵的著作，他将其命名为《长青哲学》。这是一本神话选集，其中的美妙传说覆盖了各个时

① 莱布尼茨提出：实体间的关联并非偶然，而是通过上帝预先“编程”来实现“调和”。——译者注

②《爱诺思年鉴》（*Eranos Jahrbuch*），1946年。

代、各个民族，却有着某种共性。来自不同民族与不同宗教的人们，他们之间遥遥相隔了数十个世纪与大半个地球，对彼此的存在一无所知，而他们的神话却奇迹般地相似，这简直令人叹为观止。

然而我必须指出，西方思想界并不欣赏这种学说。在西方，它被斥责为“难以下咽”、荒诞不经、毫无科学依据的谬论。其中的缘故是：我们的科学起源于希腊科学，以客观性为基础，因而它无法充分理解心灵这一认知主体。我相信，这恰恰是我们目前的思维方式中需要完善之处；我们也许需要注入一些来自东方思想的新鲜血液。这并非一件易事，我们必须严防失误，正如输血也需慎之又慎，以防产生排异反应。我们并不希望因此而失去我们的科学思想所取得的逻辑精确性成果，因为这在任何时代、任何地方都是无可比拟的。

有种观点认为：一切心灵相互之间以及它们和超级心灵之间都具有“同一性”。这一神秘主义的观点与莱布尼茨令人不寒而栗的“单子论”相反，却更能令人接受。同一性学说的拥护者们声称，这一观点可以由经验性事实所证明：意识从来都没有复数形态，我们只能以单数的形式体验到意识。没有一个人感受过多重意识，也没有任何间接证据表明多重意识曾经在世间哪个地方存在过。假如我跟你说，一个心灵内不能包含一个以上的意识，你会觉得这是一种笨拙的同义重复——多个意识聚集于一个心灵之中的情况简直是不可想象的。

不过，如果这种难以想象的事情果真存在的话，我们可以预料到在某些情况下它们有可能发生，甚至必然会发生。这正是我现在想要深入探讨的话题，而且我会引用查尔斯·谢林顿爵士的话来佐证我的观点。他既是一个不可多得的天才，也是一位头脑清醒的科学家。（这种情况着实罕见！）据我所知，他对《奥义书》中的哲学观点没有任何先入为主的偏见。如何把同一性学说和西方科学的世界观融合起来，而不至于失去理智和逻辑上的精确性？这是我们将来需要做的事。我讨论这个话题的目的，就在于为这件事扫清障碍。

刚才我说道，我们完全无法想象一个心灵中出现多个意识的情况。我们当然可以读出这句话，但是这并不代表我们能够想象到这样的体验。即使对于“人格分裂症”患者，两种人格也都是交替出现的，它们从来不会共同占有心灵；实质上，人格分裂症的典型症状便是两种人格互不相识。

梦境就仿佛一场木偶戏。在我们提线操纵着台上各个角色的行动与语言的时候，我们自己却并没有意识到这一点。诸多角色中只有一个是我自己，即做梦的人。我可以依托这一角色行动和说话，同时，我可能也在急切地期待着梦境中其他人的回应。我很想知道，他们是否能满足我迫切的需求。我并不觉得，我可以随心所欲地支配梦中的其他人，让他们说我想听的话、做我想做的事——实际上，我们在梦中真实的体验是大不一样的。我相信，梦中的“其他人”主要象征着我在现实生活中遭遇的一些严峻的考验。我对这些困难感到无能为力，因此在梦中我也无法操纵“他人”。古时候，大多数人坚信他们真的在和梦中人交流，不管是仍然健在还是已然逝去的人，不管是英雄还是神灵。这是一种难以破除的迷信，我想，其原因就在于我所描述的无法操纵梦中人的奇特情形。公元前6世纪晚期，以弗所的赫拉特利特[1]公然反对这种迷信思想。他的残稿大都晦涩难懂，而这个观点却异常清晰。与之相比，声称自己是开明思想领军人物的卢克莱修·卡鲁斯[2]，直到公元前1世纪仍

① 赫拉特利特（Heraclitus），古希腊哲学家，以弗所学派的创始人。他留下的著作只剩下残篇，并且爱用隐喻与悖论，后人称他为“晦涩者”。——译者注

② 提图斯·卢克莱修·卡鲁斯（Titus Lucretius Carus），罗马共和国末期的诗人和哲学家，著有《物性论》，这也是他唯一传世之作。从这部作品来看，卢克莱修属于唯物主义者，反对灵魂不灭、轮回、神创论等说法。——译者注

然坚决拥护这种迷信。当今时代，还持有这种迷信观点的人也许已经不多了，但是我并不认为它已经完全绝迹。

现在，让我们转到一个不太相干的话题。有两个问题我一直没有头绪。构成我躯体的（全体或部分）细胞整合统一并产生了我有意识的心灵；通过这个唯一的心灵，我感到自己是一个**整体**。这种情况究竟是如何发生的呢？另外，在我生命中每时每刻的意识，是如何由那个瞬间的细胞状态合成的呢？有人会认为，我们每个人都可以被看作一个“细胞联邦”，如果意识真有多重性的话，那么人体便是展现这种性质的绝佳场所（par excellence）。如今，用“细胞联邦”或是“细胞合众国”（Zellstaat）来形容人体早就不只是一种比喻了。请看谢林顿的说法：

> 我们的身体由许许多多的细胞构成，而每个细胞都是一个以自身为中心的生命个体。这不是一句空话，也不是为了方便描述。细胞不仅仅是人体的一部分；它有着明显的边界，而且也是以自身为中心的生命单位。细胞有着自己的生命……每个细胞就是一个生命单位，而我们的生命则是完完全全地由大量的细胞生命组合而成的。[1]

我还可以继续深入具体地聊聊这件事。对大脑的病理学研究以及对感官知觉的生理学研究都确切无疑地表明，感觉中枢可以被分割成若干个区域。这些区域彼此之间的独立程度令人惊叹，我们也很自然地认为，感觉中枢的各个区域可能和心灵中的独立区域一一对应。但事实并非如此。让我举一个典型的例子：试试看，当你眺望远处的风景时，先

① 《人的本性》（第一版），1940年，第73页。

睁开双眼正常看，再闭上左眼只用右眼看，然后反过来，闭上右眼只用左眼看，你并不会发现有明显的不同。在这三种情况下，我们的脑海中所形成的视觉图像是一模一样的。这可能是因为，光线被投射到左右眼的视网膜上，随后相应区域的神经末梢把视觉刺激传输到了大脑中同一个“制造感知”的地点。做个类比，这就像转动我家大门的门把手和转动我妻子房间的门把手，都会触发厨房里的一个铃铛。遗憾的是，这个类比尽管非常简单直接，却是错漏百出的。

谢林顿向我们介绍了一个关于闪烁频率阈值的有趣实验。我先来尽可能简单地描述一下。请想象实验室中放置着一个微型灯塔，它每秒钟能够闪很多次，比如40、60、80或100次不等。逐步提高闪烁频率，当频率达到某个阈值时（具体的值取决于实验的条件），闪烁竟然消失了；此时，如果观察者正常地用双眼去看，他所看到的便是连续的光[①]。下面来做第二个实验。假设在某个特定条件下，这个阈值为每秒60次闪光。在其他条件不变的情况下，我们采用一种特殊的装置，使闪光轮流到达左右眼，如此，每只眼睛每秒钟只收到30次闪光。如果视觉刺激被传导至相同的生理中枢，那我们所感受到的光应该没有差别。就像我两秒拧一次前门的门把手，而我的妻子也在她的卧室中做同样的事情，我们以同样的频率交替拧门把手，那么厨房里的铃铛就会每秒响一次。这就等效于我们俩其中的一个每秒钟拧一次门把手，或者两人以每秒一次的速度同步拧门把手。但是在第二个频闪实验中，情况并非如此。左右眼分别接收到的30次闪光，远远不足以消除掉闪烁感；若要使观察者看见连续的光，我们需要把频率翻倍，即在双眼同时睁开的情况下，左右眼各闪60次光。谢林顿这样总结道：

① 通过这种方式，一帧帧的连续画面融合成了电影，这正是电影的原理。

合并了两个结果的并不是大脑机制中的空间连接……实际效果就好比两个观察者分别看到了左右眼的图像，然后把二者的心灵合二为一。就好像左右眼分别加工了接收到的图像，然后在精神上合为一体……就好像每只眼睛各自有着相当独立的感受器，在这两个感受器中，基于单眼的思维过程已经发展到了相当完备的感知水平。在生理学上，它们相当于视觉“亚脑”，左右眼一边一个。这样说来，左右眼之所以能够实现思维上的协作，要归功于它们行动的同时性，而不是因为结构上的联合效益。

接下来，谢林顿把这个结论引申了一番，我将再次摘录一个最具代表性的段落：

如此说来，是否各种类型的感觉都有这种近乎独立的“亚脑”？在顶层大脑中，传统定义上的“五种”感觉并没有交织纠缠在一起，然后被更高层次的机制进一步混合。相反，这五种感觉各自占有独立的空间，清晰可辨。这些近乎独立的感知心灵同步感受，然后于我们的精神中融为一体。那么，我们的心灵在多大程度上可以称为这些感知心灵的综合体呢？……研究“心灵”问题时，我们会发现，神经系统并不是通过把所有感觉集中到某个中枢细胞来整合自身的。事实上，神经系统分布在无数个细胞中，每个细胞都是一个拥有“自治权”的独立单元……生命这个整体，是由这些“子”生命构成的，不仅具有累积的性质，还是这些微小的生命单元各司其职、协同作用的结果……然而，如果我们再

> 回到“心灵”问题，上述理论便失效了。单个神经细胞绝不是一个微型大脑。细胞构建身体的过程不需要来自“心灵”的指示……与现实中顶层大脑中多层的细胞结构相比，假想中单一的中枢脑细胞机制并不能保证精神反应能够更快、更加非原子化。物质和能量的结构似乎都是颗粒状的，“生命”也是如此，而心灵却大不相同。

上面便是让我印象最深的段落。凭借着关于活生物体的丰富知识，谢林顿以其坦率的态度和学术上绝对的真诚，努力不懈地解决了一个悖论。与许多其他人不一样，谢林顿从未试图去遮遮掩掩或含糊其词。相反，谢林顿把问题赤裸裸地亮出来，因为他明白，若想解决科学或哲学中的任何问题，这是唯一的办法；用“漂亮话”来掩盖问题只会阻止学术上的进步，使这个悖论长期存在（虽然不能说是永远解决不了，但至少要等到有人发现你的疑点）。谢林顿阐释的悖论也是一个算术上的悖论、数字上的矛盾。我坚信，与我在本章开头提出来的悖论相比，二者虽然绝非一模一样，但是关系十分密切。简而言之，前面的问题是，众多的心灵竟然能够凝结成**一个**世界。而谢灵顿的问题是，表面看来，**一个**心灵是由诸多独立的细胞生命或是多个“亚脑”构成的；这些“亚脑”彼此都有非常独立的自主性，我们很自然会想到，每个“亚脑”中也许存在着“亚心灵”。然而我们知道，和“多重心灵”一样，“亚心灵”的观点也是一个令人不寒而栗的怪胎。没有任何人体验过“亚心灵”和“多重心灵”的存在，它们是绝对不可想象的。

我认为，如果把东方的同一性学说融入我们西方的科学体系，可以达到一举两得的效果，“亚心灵”和“多重心灵”这两个悖论都能一并解决。但我无意在此书中立即着手解决这个问题。心灵的本质便是**单**

一形态。可能这样说更合适：心灵的总数只有一个。我在此大胆断言，心灵是永生不灭的，因为它处于一个特殊的时态：心灵永远处于“**现在时**”。对于心灵来说，它既没有过去，也没有将来，只有一个包含了回忆与期冀的现在。我承认，我贫瘠的语言难以把这点说透；我也承认，如果非要下一个定义，我现在谈论的是宗教而非科学——然而，我所谈论的宗教不仅不与科学相冲突，甚至由公正客观的科学研究带来的前沿成果也支持它。

谢林顿曾经说过：“人类的心灵是我们地球新近的产物。”[①]

我非常认同这句话。但假设在这个句子中删去“人类”这个词，我就对这一观点持反对态度了。我们曾在第一章中讨论过这个问题。能思考、有意识的心灵独立反映出世界的模样，而如果认为心灵只是在世界“形成”过程中的某个节点偶然出现，并且必然依托于某种极其特殊的生物装置（即大脑），这种观点虽然不至于荒谬，但至少是十分奇怪的。大脑这种装置能够促进某些生命形式的生长发育，因此有利于它们的生存与繁衍。而相比于无须大脑便能维系自身的许多生命而言，拥有大脑的生物只是后来者。在千千万万的生命形式中，若以物种来计算，只有一小部分生物决定为自己“找一个大脑”。那么，在大脑出现之前，这个精彩纷呈的大千世界，难道只是一场面对空空如也的观众席的舞台剧吗？一个无人思考的世界，还能被称为世界吗？当考古学家试图重现消逝已久的古老城市和史前文明的时候，他关注的是人们曾经的生活，关注的是人们当时的行为、感受、思绪与心情。当时的人们因为什么而欢欣鼓舞，又因为什么而悲伤垂泪？但是数百万年以前并没有会感知、能思考的心灵，当时的世界又算是什么呢？它真的存在

① 《人的本性》，第 218 页。

过吗？可别忘了，正如我们之前所说，有意识的心灵反映出了世界的模样。我已反复重申过这一观点，诸位应当早已对这个比喻了然于胸了。世界是被一次性给予的，没有任何事物是被心灵反映出来的。原物与镜像本来就是一回事。在时空维度延伸的世界，只不过是我们的表象（Vorstellung）。如果不是表象，世界还能是什么呢？关于这个问题，经验无法给我们提供丝毫线索。贝克莱[1]便深谙这一点。

早在心灵认知世界的上亿年前，世界的传奇便已开始谱写。在机缘巧合之下，世界铸就了大脑这面镜子来观察自己。然而，“世界”这个故事却不得不以悲剧收场。究竟是怎样的悲剧呢？请让我再次借用谢林顿的原文来描述一下：

> 我们知道，宇宙中的能量正在流失。它最终会走向致命的平衡——在这种平衡中，生命将不复存在。尽管如此，生命仍在夜以继日地进化。生命已然在我们的地球上生生不息，而且还将继续演化下去。与此同时，心灵也在持续进化。如果心灵并不是一个能量体系，那么宇宙的寂灭能够对它造成影响吗？它能够幸免于难吗？据我们所知，有限的心灵总是依附于某个正在运行的能量系统。当这个能量系统停止运作时，伴随它一并运行的心灵又会如何呢？精心创造并雕琢了这一有限心灵的宇宙会允许它泯灭吗？[2]

① 乔治·贝克莱（George Berkeley），英裔爱尔兰哲学家，英国近代经验主义的代表人物。他认为，人的一切观念都是来自经验，并不存在一个我们思想之外的物理世界。他的名言为“存在就是被感知”。——译者注

②《人的本性》，第232页。

这样的思考让人有些如坐针毡。有意识的心灵获得了奇怪的双重角色，这真是让人大感不解。一方面，心灵就像是一个舞台，而且是上演整个世界进程的唯一舞台。换句话说，心灵是装载世间万物的容器，在它之外什么都没有。另一方面，我们又有这样一种感觉（也有可能是幻觉），在这纷纷扰扰的大千世界中，有意识的心灵与某种极其特殊的器官——即大脑——紧紧相连。大脑固然是动植物生理学中最新奇的部件，但它并不见得多么独一无二、自成一格。原因是大脑像许多其他器官一样，存在的意义不过是维系其主人的生命。正因为如此，它们才会在自然选择指导下的物种形成过程中被创造了出来。

有时候，画家和诗人会在巨幅画卷和长篇史诗中引入一个不起眼的配角来指代自己。我猜想，《奥德赛》中那位双目失明的吟游诗人正是荷马自己。诗人在费埃克斯人的殿堂里歌颂起特洛伊之战，惹得这位历经磨难的英雄落泪神伤[①]。还有《尼伯龙根之歌》中的人物穿越奥地利的土地时遇见的诗人，研究者认为他正是整部史诗的作者[②]。在丢勒的名画《万圣图》中，三位一体的上帝高高立于云端之上，周围簇拥着两圈信徒。上面的一圈是受祝福的圣徒，下面的一圈是地上的凡人。凡人中有国王、皇帝和教皇，如果我没有弄错的话，其中还有画家本人。他只是隐藏在画中的一个可有可无的小人物[③]。

在我看来，这似乎是对心灵令人困惑的双重角色的最形象的比

①《奥德赛》（*Odyssey*）诞生于古希腊，一般多认为其作者是盲诗人荷马。它与《伊利亚特》并称为《荷马史诗》。长诗讲述了特洛伊之战中幸存的英雄奥德修斯历经十年返回故乡的故事。费埃克斯人不仅救起了九死一生的奥德修斯，还设宴款待并送其回家。——译者注

②《尼伯龙根之歌》（*The song of the Nibelungs*）是中世纪德语叙事诗，作者不详。它是瓦格纳著名歌剧《尼伯龙根的指环》的灵感来源之一。——译者注

③阿尔布雷特·丢勒（Albrecht Dürer），文艺复兴时期著名的德国画家。《万圣图》（*All-Saints*）原名《三位一体的崇拜》，也称为《郎道尔祭坛画》，现收藏于维也纳的艺术史博物馆。——译者注

喻。一方面，心灵是创造出整个世界的艺术家；然而，另一方面，在已完成的伟大作品中，它不过是一个微不足道的配角，就算缺席其中亦不会影响整体效果。

抛开上面的比喻，让我再解释一遍。我们之所以不得不面对这些典型的悖论，是因为我们尚未成功勾勒出一个能解释得通同时又无须把我们的心灵囊括进去的世界观。这种世界观把心灵从世界中抽回，无视了心灵是世界图景的制作者的地位。而硬生生地把心灵塞入世界之中，则又必然会产生一些荒谬的效应。

上文中我曾经谈到过，因为相同的原因，物理世界的图景中并不存在任何构成认知主体的感觉属性。这样的世界模型是无色、无声、不可触摸的。同理，科学的世界缺乏了，或者可以说是被剥夺了一样东西，那就是一切自身意义依附于能思考、会感知、有感觉的有意识主体的事物。我说的这些事物，首先指的便是伦理与美学观念，以及所有种类的观念，所有与整幅图景相关并属于其范畴之内的观念。这些观念不仅不存在于科学的世界图景中，而且从纯粹科学的角度来看，它们也无法被有机地放置进去。如果我们把它们硬生生塞入，那就会像是孩子给绘画上色一样，处处都不对劲。出错的原因在于，任何被强行插入世界模型的事物，不管愿不愿意，都会变成对事实的科学论断；而这当然是不对的。

生命本身便具备价值。在阿尔伯特·史怀哲[①]看来，“敬畏生命”是伦理学最基本的戒律。然而，大自然对生命是没有敬畏之心的；它对待生命的方式毫不留情，如同对待世上最一文不值的事物一般。大自然

① 阿尔伯特·史怀哲（Albert Schweitzer），法国著名的通才，具有神学、音乐、哲学和医学四个博士学位。自30岁起，他开始在非洲从事人道主义医疗工作，并因此获得1952年诺贝尔和平奖。史怀哲的世界观以“敬畏生命”为基础，他相信这是自己对人类做出的最大贡献。他认为，西方文明的腐化之处在于慢慢失去了以肯定生命为基础的伦理观。——译者注

先是创造出千千万万的生命，然后又弃之如敝屣，或是将它们用作果腹之物投喂给其他生物。然而，这恰恰是它源源不断地创造新生命形式的主要手段。“汝不应折磨施暴，不应施加痛苦！”而大自然却把这一戒律置之不顾，它放任万物在永恒的争斗中相互折磨。

“世间本没有好与坏，是思考分出了优劣。”自然现象没有好坏，亦不分美丑。自然界中既没有价值观，更没有意义和结果。大自然的行为并不以目标为导向。在德语中，要是我们说一个生物体有目的地（zweckmässig）适应环境，那只是为了方便描述，切不可按照字面意思理解。我们的世界图景中只有因果关系，因此如果我们用目的论来理解大自然，就会犯下错误。

然而，最令人寒心的是，所有的科学研究都没有发现世界的意义与界限。我们越是仔细追究，就越发显得漫无目的、愚不可及。显然，只有通过心灵的思考，世界这场热热闹闹的舞台剧才能被赋予意义。但是科学告诉我们，心灵与世界的关系是荒谬的：心灵似乎只因它正在观看的这场精彩表演而产生。当太阳最终熄灭、地球成为一片冰雪的荒原时，心灵也将随之消逝。

在本章的最后，让我简单提一提饱受非议的科学无神论。科学不得不反复遭受这种不公平的责难。我们已经谈到，在一个只有排除一切个人成分才能解释得通的世界模型中，任何个体所膜拜的神明都不可能成为模型中的一部分。然而所有宣称自己亲身体验过上帝的人都认为，这种玄妙的体验与人的直接感官体验或是自己的人格一样真真切切。可是，正如感觉和人格一样，上帝不可能存在于世界的时空图景中。自然主义者会老老实实地告诉你，他在时空之中遍寻不到上帝的踪迹。这样一来，提出这种说法的人必定会招致上帝的谴责，因为《圣经》有云：上帝是灵（God is Spirit）。

第五章

科学与宗教

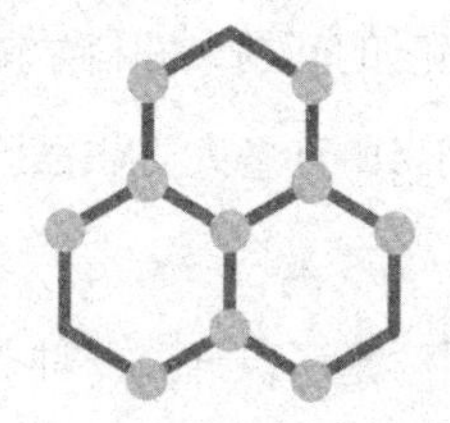

科学能够解答宗教问题吗？在那些长期困扰着人类的棘手问题上，科学研究的成果能否为我们提供一个差强人意的合理答案？我们当中的某些人，尤其是身强体健、无忧无虑的年轻人，一直把这些深沉的思考抛诸脑后；还有一些步入晚年的人，已经确信这些问题是无解的，因此自愿放弃了对答案的追寻；另外一些人则因智力所限而终生为之困扰，同时还深深恐惧于久经流传的迷信说法。上述问题主要与“另一个世界”“死后的生活”有关。在此，我无意不自量力地解决**这些问题**。我只是想回答一个更为适度的问题，即科学能否为这些问题提供一些有用的信息，或是为我们当中许多人无法摆脱的冥思苦想带来一些帮助呢？

我首先需要指出，科学是可以通过一种非常原始的方式实现这一点的，而且并不需要花上多少功夫。我记得曾经见到过一些古代的印刷品和世界地图，上面画着地狱、炼狱和天堂；地狱和炼狱被画在了地底深处，天堂则高悬于天空之上。这样的表现方式并不是纯粹的象征手法（尽管到了后面的时期它可能确实成了比喻，例如前面提到过的丢勒的《万圣图》），而是反映了当时人们普遍笃信的原始信仰。时至今日，已经没有任何教会要求信徒们以这种刻板的方式解读教义了，甚至十分不鼓励采取这种态度。我们对地球内部结构的认知（尽管仍然所知甚少），对火山的本质、大气层的构成、太阳系可能的历史以及星系和宇宙结构的认知，无疑都推动了这一思想进步。只要受过一定的教育，就没有人会真的指望在研究可触及的空间之内找到宗教中的虚构事物；我敢说，即使在目前的科学研究无法触及的领域中，我们也不会找到任何与宗教相关的东西。虔诚的教徒虽然可能会相信天堂与地狱的存在，但只会赋予它们精神上的地位。我并不是说只有科学发现才能带给信众启蒙思想，然而它们肯定有助于在物理意义上破除人们对教义的迷信。

然而，上面只是一种相当原始的思维方式。除此之外，还有一些更有意思的问题。自古以来人类就在不断地自问："我是谁？我从哪里来？我要到哪里去？"科学为解决这一连串哲思提供了极大的帮助，至少也能让我们心绪宁和。在我看来，面对这些问题，科学的最大贡献便是逐渐把时间观念化了。许多人曾经思考过这些问题，其中一些并非科学家，如希波的奥古斯丁[①]和波爱修斯[②]；而在所有对这一点有过深入思考的人当中，最赫赫有名的三位要数柏拉图、康德和爱因斯坦。

柏拉图和康德都不是科学家，但他们对哲学问题的满腔热忱与对世界的浓厚兴趣都源于科学。就柏拉图个人而言，他的追寻之旅始于数学和几何学（如今，几何学已经被囊括进数学体系，但在当时它们仍分为两门学科）。然而据目前所知，他并没有在数学或几何学方面做出过突出贡献。他对物理世界以及生命的见解有时过于天马行空，整体而言也不见得高于其他先贤（诸如泰勒斯与德谟克利特），其中有些人甚至比他还要早出生一个多世纪；就自然知识而言，亚里士多德和泰奥弗拉斯托斯[③]都把柏拉图抛在了身后，他们俩还是他的学生呢。除了他的忠

① 希波的奥古斯丁（St Augustine of Hippo），罗马帝国末期北非城市希波的主教，死后被天主教会和东正教会封为圣人。他的逝世标志着欧洲在精神层面上的中世纪的开始。他所著的《忏悔录》被视为西方历史上第一部自传。奥古斯丁提出了三一论，认为上帝是独立于时间之外的绝对存在。——译者注

② 波爱修斯（Boethius），6世纪早期哲学家，著有《哲学的慰藉》。他认为，世上所有事物都要服从于崇高的"天道"。——译者注

③ 泰奥弗拉斯托斯（Theophrastus），古希腊哲学家和科学家，先后拜柏拉图和亚里士多德为师，后来接替亚里士多德，成为"逍遥学派"的领导者。因其在植物学方面的突出成就，故被许多人尊称为"植物学之父"。——译者注

实支持者，许多人都认为他连篇累牍的对话录是在玩文字游戏，因为他非但不去对词语下定义，反而相信只要把这个词语重复多遍，它的意思就会不言而喻。他在社会和政治上的乌托邦理想不仅一败涂地，在实践的过程中甚至让他陷入了危险的境地。如今几乎已经无人怀抱乌托邦的梦想，为数不多的追随者也如他一样惨遭失败。那么，是什么让柏拉图的皇皇巨著如此不可超越，在两千年后仍然熠熠生辉，风采不减？是什么造就了他的鼎鼎大名？

依我之见，原因如下。柏拉图是第一个设想“永恒的存在”（timeless existence）的人，而且他强调这一违背理性的存在之真实性，甚至比我们的实际经验更加真实。柏拉图有言，实际经验只不过是永恒存在的影子，所有我们体验到的现实都来源于后者。这就是柏拉图著名的理型论（theory of Forms或theory of Ideas）。那么，柏拉图是怎样创造出这一学说的呢？毫无疑问，柏拉图受到了巴门尼德和埃利亚学派[①]的影响，理型论显然与他们一脉相承。这种思想上的传承与发展正好符合了柏拉图的生动比喻：通过推理而学习的本质，是回忆起本来就存在、但潜藏于大背景之中的知识，而不是发现全新的真理。与巴门尼德的不同之处是，那个亘古不灭、无所不在、永恒不变的“一”，被柏拉图进一步发展为一个更为强大的概念：理念世界（Realm of Ideas）。这个世界让人遐想无穷，但注定只能是一个未解之谜。我相信，理念世界的观念来源于柏拉图个人的真实体验。正如在他之前的毕

① 巴门尼德（Parmenide），古希腊著名哲学家，最重要的“前苏格拉底”哲学家之一。他建立了埃利亚学派（Eleatics），影响了后世的芝诺、普罗泰戈拉、苏格拉底等人。他提出了“一切皆一”的理论，认为所有事物的变换都是幻觉，整个宇宙只有一个永恒的、不可分割的“一”。——译者注

达哥拉斯主义者①以及在他之后许许多多的人，柏拉图曾醉心于数字与几何领域，并为其背后的玄机深深折服。这两门学科本质上都是通过纯粹的逻辑推理所得到的；柏拉图认识到了这一点，并将其融会贯通。这一属性意味着，真正的关系不仅具有不可撼动的真实性，而且是永远不变的；不管我们去不去探寻，这些关系一直都在那里。数学上的真理是永恒的，并不是因为被我们发现了，它们才突然出现的。尽管如此，发现真理的过程仍然是一件真实存在的事情，它会让发现者欣喜若狂，仿佛是收到了仙女赐予的宝贵礼物。

如图1所示，三角形ABC的三条高相交于点O（高指的是从三角形的顶点到对边或其延长线上的垂线）。乍看之下，人们并不能理解其中的原理；如果**任意**画三条线，它们通常不会交于一点，而会形成一个三角形。现在让我们来证明一下。从三角形的每个顶点作对边的平行线，这样我们就得到了更大的三角形$A'B'C'$（见图2）。这个更大的三角形由四个全等三角形组成，三角形ABC的三条高即为经过$A'B'C'$三边的中垂线，称为“对称线”。我们可以发现，从点C出发的垂线必然包含了所有与A'和B'距离相等的点；同理，从点B出发的垂线也必然包含了所有与A'和C'距离相等的点。因此，这两条垂线的交点与三个顶点A'、B'、C'的距离是相等的；由此可得，这个交点必然落在从点A出发的垂线上，因为这条垂线上所有的点与B'和C'都是等距的。证明完毕。

① 毕达哥拉斯（Pythagoras），古希腊著名哲学家、数学家和音乐理论家。他极其痴迷数学，认为世上的一切都可以用数学解决。他是勾股定理的发现者，还首次提出了“大地是球体”这一概念。毕达哥拉斯学派学者多是自然科学家，他们认为不仅万物都包含数，而且万物就是数。——译者注

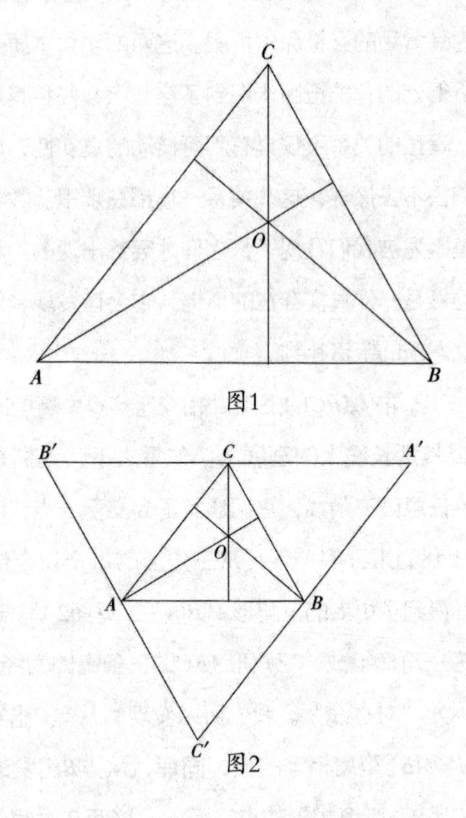

图1

图2

除1和2之外的所有整数，都在两个质数的“中间”，换言之是它们的算术平均值。例如：

$$8=\frac{1}{2}(5+11)=\frac{1}{2}(3+13)$$

$$17=\frac{1}{2}(3+31)=\frac{1}{2}(29+5)=\frac{1}{2}(23+11)$$

$$20=\frac{1}{2}(11+29)=\frac{1}{2}(3+37)$$

如你所见，这个问题通常会有不止一种解，这就是哥德巴赫猜想

（Goldbach's conjecture）。人们认为这个猜想是正确的，但它迄今为止仍然还没有被证明[①]。

再来看一个例子。对连续的奇数求和。先取1，然后依次为1+3=4，1+3+5=9，1+3+5+7=16。我们发现，相加的结果总是一个平方数，而且总是等于等式左边奇数个数的平方。为了掌握这种关系的普遍性，我们可以这样做：在求和过程中变通一下，先找到每一对与中间距离相等的数字（即第一个和最后一个，第二个和倒数第二个，以此类推），再用它们的算术平均数来取代每个数字，然后求和。可以看出，这些算术平均数都是相等的，且等于奇数的个数。因此上面最后一个等式可以改写为：

$$4+4+4+4=4\times 4$$

下面让我们来谈谈康德。我们都知道，在康德的学说中，时空的“观念性”（ideality）是非常基础的一环，甚至可以说他的整个哲学体系都是建立在这种思想之上的。正如康德的大多数观点一样，这种时空观既不能被证实，也不能被证伪。然而，它不仅没有因此失去吸引力，反而魅力大增；如果它真的能够被证实或证伪的话，反倒就沦为凡物了。康德认为，在空间上延展以及在时间上明确定义所谓的“先后”顺序，并不是我们所感知的世界的属性，而是依托于感知这个世界的心灵。无论现状如何，心灵总是不自觉地把它接收到的所有东西根据时间

① 哥德巴赫猜想，俗称“1+1”猜想，分为“强哥德巴赫猜想”（关于偶数的猜想）与“弱哥德巴赫猜想”（关于奇数的猜想）。2013年，秘鲁数学家哈洛德·贺欧夫各特（Harald Andrés Helfgott）宣布彻底证明了弱哥德巴赫猜想。在人类不懈攻克这个难题的过程中，我国数学家华罗庚、王元和陈景润等人都做出了巨大的贡献。——译者注

和空间这两个坐标记录下来。但这并不意味着，无论有没有经验，或者在经验发生之前，心灵便已理解了事物的秩序-图式（order-scheme）；正确的解读应该是，心灵总是不由自主地把时空坐标套用在经验上。尤其要注意的是，这一点并不能直接或间接地证明，时间和空间是内在于"物自体"的秩序-图式，而"物自体"引发了我们的经验——正如某些人认为的那样。

不难证明，这种观点纯属无稽之谈。没有人能够区分他感知到的事物和引发感知的事物，因为无论他多么了解整件事的细节，这件事仅仅能发生一次，绝无重复的可能。即便出现了所谓的"重复"，那也只是一个比喻，主要指人与人之间乃至与动物之间的交流情况；因为交流的双方对同一情况的感知非常相似，仅仅是视角（亦可以理解为"投射点"）有些微的差异。然而，就算这使得大多数人认为是客观世界引发了感知，我们应该如何判断我们经验的共通之处究竟是源于我们心灵的结构，还是来自客观存在的事物的共同属性？诚然，我们的感官所感知到的体验是我们对事物认识的唯一来源。无论客观世界显得多么浑然天成，它的存在仅仅是一个假设。如果我们接受这个假设，那么我们把所有感受到的外部世界特征都归因于外部世界，而不是我们自己的心灵，这不是顺理成章的吗？

然而，康德理论最重要的意义，并不是在"心灵形成对世界的观念"这一过程中，合理定位心灵及其反映的客观对象（即世界）的角色；因为正如我刚才所说，二者几乎是难以区分的。康德理论的最高成就在于形成了一种观念：某些**独一无二的**东西——心灵或世界——可能以我们不能理解的形式出现，它无须蕴含空间和时间的概念。这打破了我们固有的偏见；除了时空这种秩序，事物可能会以其他形式出现。在我看来，是叔本华第一个读懂了康德的这层含义。人们关于世界的经验以及简单直观的思考都清晰无疑地揭示了一些显而易见的事实，而长久以来，宗教的教义一直与这些事实相违背。是康德解放了人们的思想，为宗教信仰开辟了道路，使得宗教不再与这些基本事实产生冲突。我在这里举一个最具代表性的例子。根据我们目前的认知，经验与身体，以及依附于身体之上的生命，是不可分割的；一旦肉体消亡，经验也将随之灰飞烟灭。我们不禁要问，生命消逝之后，还能留下什么东西吗？答案是不能。倘若真的还有什么东西，那它并不一定如我们此生所体验到的那样，存在于时间与空间之中。然而在一个时间不存在的领域，“之后”这个概念是没有意义的。当然，纯粹的哲学思考并不能保证死后的事物**确实**存在，但至少为这种可能性扫清了一些障碍。这就是康德分析出的结论，我认为，这正是康德哲学的重要意义。

现在就同一个话题，我们来聊聊爱因斯坦。康德看待科学的态度朴素得令人难以置信。如果你去看看他的《自然科学的形而上学基础》（*Metaphysische Anfangsgründe der Naturwissenschaft*），就会认同这一点。他认为在他有生之年（1724—1804），物理学已经接近了最终的形态，因此他终其一生都在从哲学角度论证当时的物理学。这位伟大的天才尚且如此，后世的哲学家更应当引以为戒。在他朴素的观念中，空间必然是无限的；他也坚信，人类的心灵会自然而然地赋予空间欧几里得式的几何属性。在这个欧几里得式的空间中，物质表现出软体动物的特质，也就是说，物质会随着时间的推进而改变其形态。和他所处年代的所有物理学家一样，康德认为空间和时间是两个截然不同的概念，因此他想当然地把空间称为我们外部知觉（external intuition）的形式，时间则为我们内部知觉（internal intuition, 德语Anschauung）的形式。然而，我们未必非得把经验世界看作欧几里得式的无限空间。实际上，把空间和时间看成是四维的连续统（continuum）[1]可能会更合适。虽然这看似倾覆了康德哲学的基础，但实际上，康德学说中更有价值的部分并未受到影响。

这个新颖的时空观主要是由爱因斯坦确立的。除他之外，另几位科学家也功不可没，例如洛伦兹、庞加莱和闵可夫斯基[2]。这一发现不仅对哲学家产生了巨大的影响，在普罗大众中也掀起了轩然大波。因为它使人们意识到，即使在我们的经验范围内，时空关系也比康德以为的复杂得多，更远远超出了历史上所有物理学家和普通人的认识。

这一崭新的视角对人们原有的时间观念造成了巨大的冲击。而我们原先以为，时间指的就是“先与后”的概念。但新观点主要有以下两个出发点：

（1）“先与后”的概念基于“因与果”的关系之上。我们早已形成了这样的观念：事件*A*可以导致或者改变事件*B*。因此，如果*A*不存在，*B*也将不复存在，至少不会以与*A*相关的方式发生改变。举个例子，假设一颗炮弹发生了爆炸，那么它就会炸死坐在上面的人，而且远处的人也会听到爆炸声。杀戮与爆炸也许是同时发生的，但远处的人可能要稍晚一点才能听到爆炸声。无论如何，爆炸造成的死亡与巨响都不可能早于爆炸。这是一个常识，在日常生活中，我们也正是根据这个常识来推断两个事件中哪个发生得更晚，或者至少不是先发生的。我们之

---

① 连续统原意是连续取值的实数集，运用到空间范畴中，我们可以说直线是一维连续统，平面是二维连续统，空间是三维连续统。在拓扑学中，连续统指的是任何非空的紧致连通度量空间。——译者注

② 亨德里克·安东·洛伦兹（Hendrik Antoon Lorentz），荷兰物理学家，1902年诺贝尔奖得主，在电磁学和光学领域有着卓越的成就。他提出了后来成为相对论基础的“洛伦兹变换”。朱尔·亨利·庞加莱（Jules Henri Poincaré），法国数学家，他修正了洛伦兹变换，并于爱因斯坦之前提出了狭义相对论的简略版。赫尔曼·闵可夫斯基（Hermann Minkowski），德国数学家，爱因斯坦的老师，他提出的四维时空论是广义相对论的基础。——译者注

所以能区分“先与后”，完全基于“结果不能先于原因”这个共识。如果我们能够合理地认为*B*是由*A*引起的，或至少显示了*A*的蛛丝马迹，甚至只要能通过一些间接证据推断出*A*的迹象，那我们就会认为*B*肯定不会早于*A*。

（2）请先牢牢记住第一点，再让我们来看第二个出发点。事物产生的效应不会以无限高的速度传播，实验和观察都证明了这一点。我们发现，传播速度的上限恰恰是真空中的光速*c*。与人类惯用的尺度相比，这个速度是相当高的——光可以在一秒内绕地球赤道7圈。这个速度尽管非常高，但不是无限高的。请各位把这一点当作自然界的基本事实。由此我们可以推断，上一点中（基于因果关系的）“先与后”或“早与晚”并非适用于所有情况，有些时候会有例外。我们很难用非数学语言来解释这一点。我的意思并不是说数学语言有多复杂，因此难以理解；我们无法通过日常用语来解释，是因为我们的语言有其固有的局限性。时间的观念渗透到日常语言的方方面面——只要你用到动词（拉丁语Verbum，德语Zeitwort），就没法不涉及时态。

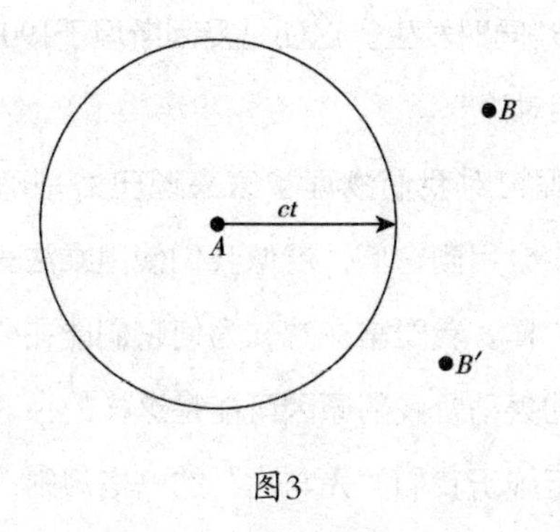

图3

下面让我来举例说明一下。这个例子虽然不是完全准确的，却是最简单的。假设存在一个事件A，过了一段时间t以后发生了事件B，但它落在了A的影响范围（以A为圆心，ct为半径的圆A）之外。我们在B中自然找不到事件A的“迹象”，反之亦然。因此，我们无法用上面第一点所说的因果关系判断A与B的先后顺序。但是按照我们刚才用日常用语给出的表述，我们确实说B发生在A之后。既然判断标准不成立，那么我们的说法是正确的吗？

我们再来假设一个落在圆A以外的事件B'，它比A早发生了时间t。和上面的情况一样，B'的迹象来不及抵达A；同理，B'中也找不到A的迹象。

因此，在这两种情况之下，A与B和B'之间都存在着互不干扰的关系。A与B之间是独立的，A与B'也是独立的；就其与A的因果关系而言，B和B'之间并没有概念上的差异。所以，如果我们想要描述这一类关系，又不带有语言上基于“先与后”的偏见，那么我们可以认为，B和B'属于同一类事件，它们发生得既不比A早，又不比A晚。这一类事件所占据的时空区域可以称为（相对于A的）“潜在同时性”区域。我们使用这样的表述是因为，我们总能找到一个时空框架，在这个参考系中A与特定的B或B'同时发生。这便是爱因斯坦于1905年的发现——赫赫有名的“狭义相对论”。

如今，这些理论对我们物理学家来说已然是确凿无疑的事实。我们在日常工作中会用到它们，就像我们使用乘法表或直角三角形的毕达哥拉斯定理一样。我时常在想，为何它们能在公众以及哲学界都引起了如此巨大的轰动？我猜原因可能是这样的：时间就像一个残酷无情的暴君，强行施于我们“先与后”的严格规则；而相对论把我们从时间的野蛮统治中解放出来，不再受到牢不可破的规则的束缚。

时间确实是我们最为严厉的主人。《摩西五经》[①]有云，时间明目张胆地把我们的人生局限于短短的七八十年。在爱因斯坦提出相对论之前，人类认为时间的地位是不可撼动的。去挑战时间，哪怕只是最不自量力的挑战，也会给我们带来莫大的安慰。因为它让我们看到了一种可能性——整个“时间表”可能并没有看上去那么严格。这种想法带有一些宗教色彩，不，更准确地说，它**就是**宗教思想。

有人会认为，爱因斯坦颠覆了康德理想化时空的深思。而我认为恰恰相反，爱因斯坦在康德的思想果实上又前进了一大步。

我刚才已经一一论述了柏拉图、康德和爱因斯坦对哲学和宗教的影响。而在康德和爱因斯坦之间，大约在爱因斯坦之前的一代，物理学界发生了一个重大事件。这件事情本来也能在哲学家和普罗大众中引起轰动，影响力很可能会超过相对论，至少能与其相提并论。然而，千万人之中只有少数几位真正理解了其中的精髓，最多只是寥寥几个哲学家而已。我想，这是因为此次思想变革比相对论更难以把握。这次重要变革与两个人的名字联系在一起：美国人威拉德·吉布斯和奥地利人路德维希·玻尔兹曼。下面我就给大家讲讲这是怎么回事。

除了极少数例外情况（这些都是真正的例外），自然界的过程都是不可逆的。请想象一个与实际观察到的时间顺序完全相反的情况，就好像电影胶片倒过来放一样。尽管想象出来是很容易的，但在现实中，这必然严重违背既定的物理学定律。

一切事物的“方向性”（directedness）都可以用热力学或热统计理论来解释。因此，它们也当之无愧地被视为这门学说最大的成就。篇

① 《摩西五经》（*Pentateuch*）是《希伯来圣经》最初的五部经典，字面直译为“五卷书”，内容与以色列民族有关。相传这五卷皆由摩西写成，但据研究者考证，它们并非摩西一人写就。——译者注

幅所限，在此我便不展开阐释这个理论的细节了，但这并不影响我们理解它的要义。中世纪时，人们常常用纯粹的字面意义来解释事物，例如“火之所以炽热，是因为它有着火热的性质”。如果执着于把不可逆性当作原子和分子微观机制的基本属性，那么我们就比中世纪的人高明不了多少——这样的解释是贫乏无力的。玻尔兹曼认为，任何有序的事物都会自行趋向无序的状态，这是万物的自然倾向，反之则不成立。用扑克牌打比方，假设你把一副牌仔仔细细地排好，先是红桃7、8、9、10、J、Q、K、A……然后再以同样的方式排列方块和其他花色。接着洗牌，洗上一遍、两遍、三遍……这副整整齐齐的牌将逐渐变得杂乱无章。但是，从有序到无序并不是洗牌过程固有的特点。你也能想象出这样一种可能：你再去洗这副无序的乱牌，但是这一次洗牌可以抵消前几次洗牌的结果，将扑克牌恢复到原来的顺序。然而，所有人都会下意识地认为洗牌必然会把牌弄乱，没人会觉得能把牌洗整齐。毕竟，后一种情况发生的概率极小，我们可能要玩一辈子扑克牌才能见上一次。

玻尔兹曼解释了自然界中万事万物的单向性，上面我已经为大家简要概述了其中的要旨。既然是万事万物，自然也包括了生物从出生到死亡的生命历程。这种解释的特点在于，爱丁顿所说的“时间之矢”与相互作用的机制毫无关系，我们刚才已经用洗牌过程做出了很好的类比。和洗牌一样，相互作用本身并不包含任何过去和未来的概念，它是完全可逆的。所谓的过去与未来，即“时间之矢”，来源于统计学的考量。我用扑克牌作类比只是为了说明，有序的排列方式只有寥寥几种，而无序的组合则千变万化。

然而，这个理论却一而再，再而三地遭到反驳，有时候这些反驳还来自有识之士。归结起来，反对的声音主要认为这个理论在逻辑上是不严谨的。因为根据玻尔兹曼的说法，微观粒子的基本作用机制并不能区分时间的两个方向，它在时间上是完全对称的，那为什么所有粒子作为一个整体的综合效应却强烈地趋向某个时间方向呢？对某个方向成立的东西，自然要对另一个方向也成立才说得通。

如果这个论证是正确的，那它似乎会对玻尔兹曼的理论带来致命一击。因为它恰恰击中了该理论最关键的一点：从可逆的基本机制中产生不可逆的事件。

反方的观点虽然也没错，但并不足以构成反驳。这个观点正确之处在于从一开始就把时间当作一个完美变量引入。倘若事件对某个时间方向成立，那么对另一个方向也成立。但是我们万不可马上就下结论，说在任何情况下，时间的两个方向是等价的。必须谨慎用词：在任何特定的条件下，事件只对两个时间方向的其中任一个成立。在这一点上还需要补充的是：在人们已知的世界中，“流逝”（这是一个我们偶尔会用到的词）发生在一个方向上，我们把这个方向称为从过去到未来的方向。换句话说，我们必须允许热统计理论根据其自身的定义，专横武断地规定时间的流动方向。这对物理学家的方法论有着重大的影响。物理学家决不能引入可以独立决定时间方向的参数，否则，玻尔兹曼构建的宏伟大厦就会轰然倾塌。

有人可能会担心，在不同的物理系统中，时间的统计学定义可能不会总是给出相同的时间流向。玻尔兹曼大胆地直面了这种可能性：他坚持认为，如果宇宙足够广阔、存在的时间足够长，在遥远宇宙的某个角落，时间可能真的会向反方向流逝。人们早已就这个问题展开了激烈的争论，但现在已经没有必要再去争了。科学研究已经发现，我们所知的宇宙极有可能既不够大，也不够悠久，因此并不足以在大尺度上逆转时间。但是在玻尔兹曼所处的时代，他还不清楚这一点。我还想补充一句，但请恕我无法详细说明：无论是在空间还是时间的微小尺度上，人们都已经观察到了局部的时间反演现象（布朗运动，斯莫鲁霍夫斯基[①]）。

在我看来，“时间的统计学理论”对时间哲学的影响比相对论还要深远。相对论虽然极具革命性，但只预设了时间的无定向流动，并没有去讨论这个问题。与之相比，时间的统计学理论则从事件的顺序中构建了时间的方向性。这便意味着，它把人类从时间之神柯罗诺斯[②]的暴政中解救了出来。我认为，我们在心灵中构建出来的东西，并不能反过来压制住我们的心灵；它既不具备产生心灵的力量，也不具备泯灭心灵的力量。我确信，你们中有些人会把我的说法称为神秘主义。但是，物理学理论在任何情况下都是相对的，它取决于某些基本假设。如果我们承认这一点，那么我相信，甚至可以断言，现阶段的物理学理论已经有力地表明，**时间**并不能摧毁**心灵**。

① 斯莫鲁霍夫斯基（Smoluchowski），波兰物理学家，统计物理学先驱。在爱因斯坦之后，他独立解释了布朗运动。——译者注

② 柯罗诺斯（Chronos），古希腊神话中象征时间的原始神祇，与配偶阿南刻开天辟地，创造出了宇宙。——译者注

第六章

感官属性的奥秘

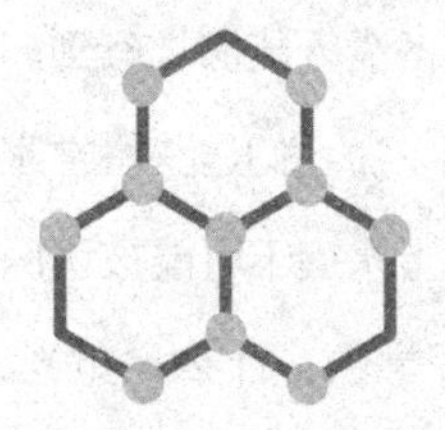

在最后一章中，我想详细谈谈一件非常奇怪的事。阿布德拉的德谟克利特留意到了这件事，并在他的著名残篇中提到了它。一方面，我们关于周围世界的一切知识都完全依赖于直接的感官知觉，无论这些知识是在日常生活中得到的，还是通过最精密、最艰苦的实验获得的；另一方面，这些知识又无法揭示感官知觉与外部世界的关系。因此，虽然科学发现指导我们形成了外部世界的图景（或曰模型），但在这个图景或模型中并没有感官属性的踪迹。我相信，大家很容易接受第一方面，但对第二方面也许并没有多少人能够觉察到。这纯粹是因为非科学家通常对科学极度敬仰，他们以为我们这些科学家能够通过“无与伦比的高超手法”，弄清那些本质上永远不可能被认识的事物。

如果你去问一个物理学家：什么是黄光？他会告诉你，黄光是波长在590纳米左右的横向电磁波。你要是继续问：黄色在哪里？他会说，在我们物理学家的字典里，没有所谓的“黄色”，是这种类型的振动击中了人眼中功能正常的视网膜，从而给眼睛的主人带来黄色的感觉。倘若你再追问下去，他可能会接着说，不同波长的电磁波会带来不同的色彩感；但不是所有波长都会使人产生色觉，只有那些波长介于约800纳米至400纳米之间的光才会。对物理学家来说，红外线（波长大于800纳米）和紫外线（波长小于400纳米），与波长介于800至400纳米之间的可见光，基本是同一种现象。那么，人眼为何选择了这种特殊的区间呢？很明显，这是人类对太阳辐射的适应。太阳辐射在此波长范围内最强，在两端逐渐减弱。此外，黄光正好落在了太阳辐射最强的波长区域，它位于太阳辐射真正的峰值之处，因此也是人直观感受中最亮的光。

我们可以继续追问：是不是只有波长在590纳米左右的辐射才能产生黄色的感觉？答案是：绝非如此。波长为760纳米的电磁波能够产生红色的感觉，波长为535纳米的电磁波能够产生绿色的感觉。倘若你按一定比例混合这两种电磁波，也能产生黄色光，而且这种混合的黄光与590纳米的光看上去一模一样。取两个相邻的区域，一个区域用混合光照射，另一个区域用单色光照射，它们看起来毫无二致，无法区分。我们能事先从波长推断出颜色吗？或者说，颜色和电磁波的物理客观性质存不存在数字上的联系？答案是否定的。我们当然可以根据经验绘制出所有混合光的图表，它被称作基色三角形（colour trianagle）。但是，基色三角形并不是简单地与波长挂钩的。两种单色光混合，并不一定能产生波长介于两者之间的光。例如，位于光谱两端的“红光”和“蓝光”相混合会产生“紫色”，而并没有任何一种单色光是这种颜色。另外，人们对这张基色三角形的色感因人而异，对某些人来说则与大多数人截然不同。我们称这些人为异常三色视者（anomalous trichromates），他们并**不是**色盲。

物理学家对光波的客观描述并不能解释色觉。如果生理学家对视网膜的工作原理以及它们在视神经和大脑中激发的神经过程了解得更深刻，那么他们能够解释色觉吗？我认为也不能。我们至多只能客观认识到哪些神经纤维被激发，被激发的比例是多少，甚至能够确切知道当心灵感觉到视野中某个方向或区域是黄色的时候，这种感觉在大脑的特定细胞中产生的生理过程。但即便是这样详尽的认知，也不能告诉我们有关色觉的任何知识，比如在上面的例子中，为何你会感到这个方向上是黄色——我们可以想象，同样的生理过程也能产生其他的感觉，比如“甜”的味觉。说白了，我们可以肯定的是，一切对神经过程的客观描述都不会涵盖诸如“黄色”或“甜味”这些特征，正如对电磁波的客观描述也不会包含这些特征一样。

其他感觉同理。倘若我们去比较一下听觉和刚刚分析过的色觉，会是一件很有意思的事。一般而言，声音是通过空气中压缩和膨胀的弹性波传到我们耳中的。声音的波长，更准确地说是频率，决定了我们听到的音高。（请注意，听觉的生理过程与频率有关，而不是波长。光同理。不过就光而言，它的波长和频率实际上互为倒数，因为光在真空与空气中的传播速度并没有相差多少。）不消多言，“可听到的声音”的频率范围与“可见光”的频率范围天差地别。前者的频率范围从每秒12或16赫兹直到每秒20 000或30 000赫兹，而后者的频率范围是每秒几百万亿赫兹的数量级。相对而言，声音的频率范围更广，它差不多横跨了10个八度（octave）[①]，而“可见光”的频率范围还不到1个八度。此外，可听到的声音的频率范围是因人而异的，年龄尤为重要；音高上限随着年龄的增长而大幅稳步下滑。然而，声音最令人惊讶的一点在于，倘若把几种不同频率的声音混合起来，它们不会形成单单一种位于中间频率的声音。在同时听见好几种声音的时候，我们大体能把它们区分开来，对于具有音乐天赋的人群来说更加如此。许多不同品质与强度的较高音调（“泛音”，overtone）结合在一起，产生了我们平常所说的“音色”（timbre，德语klangfarbe）。我们可以通过音色分辨小提琴、军号、教堂钟声、钢琴……的声音，甚至仅仅凭借一个音符，我们就能知道发出声音的是什么乐器。然而，即使噪音也有其特殊的音色，我们可以从中推断出正在发生的事情。甚至连我的小狗也熟悉某个铁盒打开时的特殊噪声，因为我有时候会从盒子中拿出一块饼干喂它。在

① 高出一个八度相当于频率翻倍。——译者注

所有这些情况下，各种叠加的频率之比是关键。如果它们均以相同的比例变化，比如留声机播放唱片时放得快一点或慢一点，我们仍然可以辨认出是什么曲子。不过，有些区别取决于某些声音成分的绝对频率。要是一张录有人声的唱片放得太快，你就会发现其中的元音发生了明显的变化，典型的例子是“car”中的“a”会听起来像“care”中的“a”。另外，无论是警笛长鸣还是猫咪嚎叫，一段连续的声音频率总会让人感到刺耳；几组连续的声音合在一起更是让人听着难受，但这在现实中毕竟很少发生，我们也许需要好几辆警车或者一群猫咪才可以办得到。在此我们再一次看到了听觉与视觉的天壤之别。我们平常看到的所有颜色都是由连续的混合色产生的；在绘画作品或者大自然中，渐变色是美不胜收的。

通过研究人耳的运作机制，我们能够很好地掌握听觉的主要特征，因为相比于视网膜上发生的化学反应，我们对人耳构造的认识更加丰富、更加可靠。人耳的主要部位是耳蜗（cochlea）。它是一根螺旋式的骨管，看起来就像某种海螺的壳；它又好似一段小巧玲珑的盘旋阶梯，随着梯级不断“升高”而变得越来越窄。让我们继续使用阶梯作类比。耳蜗中，密集的弹性纤维在每一级阶梯中拉开，形成了一层薄膜；薄膜的宽度（也可以说单条纤维的长度）从楼梯的“底端”到“顶端”逐渐减小。与钢琴或竖琴的工作原理相似，长度不一的纤维就像一根根琴弦，会对不同频率的振动做出机械反应。对某个特定频率做出反应的不单单是一条纤维，而是膜上相应的一小片区域；频率升高时，反应区域会位移到纤维长度更短的地方。一定频率的机械振动会在对应的那组神经纤维上激发我们熟知的神经冲动，再传导到大脑皮层的特定区域。我们知道，所有神经中的传导过程都大致相同，只会随刺激强度而改变；刺激强度会影响神经冲动的频率。当然，你可千万不要把神经冲动的频率与声音的频率弄混了，这两者之间没有任何关系。

然而，上述情况并没有想象中那么简单。如果让一个物理学家来制造人耳，目的是让拥有耳朵的那个人获得对音调与音色极其出色的分辨力，那么他的设计图纸就会和人耳实际的情况不一样。不过，他也有可能按照真实的人耳模式来设计。要是耳蜗中的每一根“琴弦”都只对传入耳中的某个特定频率做出反应，那人耳的工作原理就更加简洁优美了。然而，事实并非如此。为什么呢？因为这些“琴弦”振动时受到的阻尼很大，所以它们的谐振范围也更宽。倘若让我们物理学家来制造，我们会尽可能去减少阻尼。但是，这会导致灾难性的后果。当传入的声波停止时，听觉不会立刻停止，而是会持续一段时间，直到耳蜗内几乎不受阻的谐振器渐渐平息下来。在这种物理学家设计的耳蜗中，我们是靠牺牲对先后产生的声音的分辨能力，来换取对音调的鉴别能力的。现实中，人耳完美地平衡了二者的关系，这不禁让我们啧啧称奇。

上面我详尽地描述了人耳的运作机制，是为了让诸位明白，无论是物理学家还是生理学家的描述，都没有涵盖任何听觉的特征。无论是谁的描述，必然都以这样的句子结束：这些神经冲动被传导到大脑的某个区域，在那里，大脑把它们当作一系列声音记录下来。鼓膜的振动是由空气中气压的变化引起的，如果我们去追踪气压变化，我们就能观察到这种运动是如何经由一连串细小的骨骼传到另一面薄膜，再进入耳蜗内，最后传至上文所述的由不同长度纤维构成的内膜的不同部位上。我们可以得知，这根振动的纤维是如何在与之相连的神经纤维中建立起电化学的传导过程的。我们还能一路追踪这些传导过程直至大脑皮层，甚至可以获得大脑皮层中发生的某些事件的客观知识。但在整个旅途中，我们没有在任何位置碰到“把物理过程记录为声音”这件事情。我们的科学图景无法把这种现象囊括进去，它只能发生在我们所研究的那个人的心灵之中。

我们可以用类似的方式继续讨论触觉、嗅觉、味觉以及对温度的感觉。嗅觉和味觉有时被称为化学感觉（chemical sense）：嗅觉检测气体，味觉则检测液体[1]。它们与视觉的共同之处在于，面对无限多种可能的刺激，它们只能做出为数不多的几种反应。就味觉而言，它能产生苦、甜、酸、咸以及这几种味道混合而成的感觉。我认为，嗅觉要比味觉更加丰富，特别是某些动物的嗅觉比人灵敏得多。不同的动物对物理或化学刺激的客观特征所产生的感觉是不同的。比如，蜜蜂的色觉范围很广，可以看到紫外线；它们是真正的三色视者（早期的实验中人们忽略了紫外线，错以为蜜蜂是二色视者）。不久前，冯·弗里希[2]在慕尼黑发现了一个有趣的现象：蜜蜂对偏振光尤为敏感，这有助于它们用一种复杂又费解的方式，调整它们与太阳的相对位置。与之相比，人类甚至不能区分完全偏振的光与普通的非偏振光。再举一个例子，蝙蝠对远远超过人类听觉上限的超高频振动（即“超声波”）非常敏感；蝙蝠自己也能发出超声波以回避障碍物，与“雷达”的原理相同。再回到人类，我们对冷热的感觉有一种“物极必反”（les extremes se touchent）的奇怪特征。如果我们不小心碰到一个冰冷的物体，在那一瞬间我们可能反而感到它热得烫手。

大约在二三十年前，一些美国化学家发现了一种奇怪的化合物。我忘了它的名称，但还记得它是一种白色的粉末状物质，对某些人来说是无味的，另一些人群却觉得它们很苦。人们对这种现象非常感兴趣，

---

① 实际上，我们需要注意化学感觉与化学感受器的概念。化学感觉是由化学物质的刺激（称为化学刺激）所产生的感觉之总称，与嗅觉和味觉不同。嗅觉感受器和味觉感受器都是化学感受器，但是它们并不能与嗅觉和味觉严格对应。——译者注

② 卡尔·冯·弗里希骑士（Karl Ritter von Frisch），奥地利动物行为学家，1973年诺贝尔生理学或医学奖得主之一。他主要研究蜜蜂的感觉与沟通机制。——译者注

并对它展开了系统的研究。研究发现，人们对这种特殊物质的味觉是个人独有的，与一切其他因素都无关。此外，这种味觉的遗传方式与血型类似，都遵循孟德尔定律。和血型一样，无论能否尝到这种化学物质的味道，都没有好坏优劣之分。携带这种性状的杂合子中有两个“等位基因”，我认为其中的显性基因对应着能尝出苦味的性状。依我之见，这种偶然发现的化学物质并非独一无二，很可能还有其他物质，每个人尝起来都不一样。照这样看，我想“萝卜青菜，各有所爱”（tastes differ）这句谚语没准是真的呢！

下面，让我们回到光的例子中，更深入地探讨一下光产生的原理以及科学家理解其客观性质的方式。我想时至今日，大家都知道光通常是由电子产生的，尤其是由那些在原子核周围“活动”着的电子产生的。电子既不是红色，也不是蓝色，它们不属于任何一种颜色；质子（氢原子核）也是这样。但是物理学家发现，由质子与电子结合而成的氢原子结构，可以产生一系列离散波长的电磁辐射。如果用棱镜或光栅分离这种电磁波，其中的单质构成会通过某种生理过程，使观察者产生红、绿、蓝、紫等色觉。然而，根据这种电磁辐射已知的基本属性，我们可以肯定地说，它们绝对不是红色、绿色、蓝色或其他任何颜色。事实上，上述过程中动用的神经细胞受刺激后并不会显示颜色。而且无论是否受到刺激，神经细胞都是白色或灰色的。但与观察者产生的色觉相比，神经细胞的白色和灰色是可以忽略不计的。

通过观察发光氢蒸汽光谱中某些位置上的彩色谱线，我们可以了解氢原子辐射的客观物理特性。这种观测虽然带给了我们第一手知识，但绝不是完整的知识。若想获得全面的知识，我们必须立即着手想方设法消除感觉的影响。在上面这个典型例子中，这确实值得一试。颜色无法告诉我们关于波长的信息；正如我们之前所说，如果光谱仪没有排除这种可能的话，一条“黄色”的光谱线可能并不是物理学家眼中的“单色”，而是由许多不同波长的光组成的。光谱仪能够把特定波长的光会聚到光谱的特定位置上。无论这个位置上的光源来自哪里，它们的颜色都是相同的。即便如此，颜色感官属性不能直接推出丝毫物理性质，即波长，遑论我们对色彩的分辨力也比较糟糕。这些都不会令物理学家满意。理论上来说，波长较长的光完全可以产生蓝色的感觉，而波长较短的光完全可以产生红色的感觉，但实际情况却恰恰相反。

若想全面掌握来自任意光源的光的物理性质，我们必须使用一种通过衍射光栅（diffraction grating）来分光的特殊光谱仪。棱镜是行不通的，因为棱镜可以用不同的材料制成，而事先我们并不知道这些不同的棱镜会把不同波长的光折射出什么角度。而且通过棱镜，我们甚至无法先验地确定“波长越短，偏折越强”这个事实。

而衍射光栅的原理则比棱镜要简单得多。物理学家假设，光实际上是一种波动现象。根据这个基本物理假设，如果去测量每英寸光栅中等距沟槽的数量（通常可达几千条），我们就可以准确获知特定波长的偏折角度；反之亦然，根据“光栅常数”和光偏折的角度，我们可以推算出入射光的波长。在某些情况下（尤其是在塞曼效应[①]和斯塔克效应[②]中），一些光谱线产生了偏振，而这种偏振是肉眼无法观察到的。此时，若想做一番全面的物理描述，在分光之前，我们必须在光路上放一个偏振器（尼科尔棱镜[③]）。如果把尼科尔棱镜缓慢地绕轴旋转到特定

---

① 塞曼效应（Zeeman effect）由荷兰物理学家彼得·塞曼发现，指原子在外加磁场中光谱线出现分裂的现象。后来，亨德里克·洛伦兹解释了这种现象产生的原因。——译者注

② 斯塔克效应（Stark effect）指原子和分子在外加电场中光谱线发生位移和分裂的现象。——译者注

③ 尼科尔棱镜（Nicol prism）是最先发明的偏振棱镜，由苏格兰科学家威廉·尼科尔于1828年制成，主要材料为冰洲石。——译者注

角度，某些谱线会消失，这表明它们是完全偏振的；某些谱线会降至最低亮度，这表明它们是部分偏振的。通过偏振器旋转的角度，我们可以知道光线的偏振方向。光的偏振方向总是垂直于光本身。

这种技术成熟之后，我们便可将其应用到远超出可见光之外的范围。可见光的范围并不是从物理学角度划分的。发光蒸汽的光谱线不仅仅止步于可见光范围。理论上来说，这些谱线构成了一个长长的无穷序列。每个序列中的波长都遵循着相对简单的数学法则，这种法则是每个序列特有的，适用于整个序列，并不局限于可见光区域。最初，这一系列数学法则是由经验归纳出来的，后来人们亦从理论层面上理解了其中的原理。当然，在可见光范围以外，我们必须用感光底片来代替人眼。我们可以通过简单的长度测量方法来测量波长。首先，我们只需一次性测量出光栅常数，即相邻沟槽之间的距离（单位长度内沟槽数量的倒数）；然后，再测定感光底片上谱线的位置。得到这些测量数据后，结合测量仪器的已知尺寸，我们就可以得出光线的偏折角度。

如上事实都是众所周知的。但我还想在此强调两点，它们具有非常重要的普遍意义，几乎适用于所有的物理测量。

先说第一点。我方才占用了许多篇幅说明的一些情况，常常被人描述成下面的这个观点："随着测量技术的不断精进，观测者会逐渐被日益精密的仪器所取代。"这种说法并不正确，至少在当前的案例中肯定是不对的。观测者并不是"逐渐"被取代，而是"自始至终"都被取代着。我一直在试着向各位解释，观测者对上述现象的色觉并没有让我们获得任何关于光的物理性质的信息。关于我们所说的光的客观物理性质及其物理组成，哪怕只想获得最粗浅的定性认识，也需要用上光栅以及测量各种长度和角度的仪器。使用测量仪器是至关重要的一步。虽然仪器会逐渐变得越来越精密，但从认识论的角度来说，不管仪器有了多大的改良，其本质是始终如一的。

第二点是，观测者从未被机器完全取代。原因很明显，如果观测者真的被完全取代，那他将无法获得任何知识。仪器就是由观测者制造的。在制造过程中或者完成以后，观察者必然已经仔细测量了仪器的尺寸，并检查了仪器中的活动部件（例如绕锥形插销旋转并沿圆形量角器滑动的支撑臂），以确保仪器的运动符合预期。的确，某些测量及检查环节是由生产和交付仪器的工厂完成的，而不是物理学家；但无论多少精密复杂的仪器被用来辅助人类的科研进程，所有信息最终还是要回归到某些活生生的人的感知中去。**最后**，观测者在使用仪器开展研究工作时，必须在仪器上读数。比方说角度和距离的数据，无论他选择直接读数，还是在显微镜下读取，或是在录有谱线的感光底片上测量，他总归是要读取数值并记录下来的。许多有用的设备能够让这种工作变得轻松一些，比如，我们可以使用光度记录仪测定感光底片的透明度，这可以产生清晰显示谱线位置的放大图，降低了读取相关数据的难度。但是，数据必须要由观测者去读取！观测者的感官终归还是要参与其中。就算记录得再精确，如果没有人去检阅，我们永远无法从中获得任何信息。

于是，我们现在又回到了本章开头所说的这种奇怪的情况。对现象的直接感知并不能告诉我们任何关于它的客观物理性质之类的东西，所以我们从一开始便不能把直接感知作为信息来源。然而，我们最终获得的理论图景却完全依赖于各种错综复杂的信息，这些信息都是通过直接感知获取的。虽然理论图景建立于这些信息之上，并由它们拼接而来，但我们无法真正地说理论图景确实包含了由感官获取的信息。在运用理论图景时，我们常常会忘记这些信息的存在。我们只是大体上知道我们对光波的认识是当实验得来的，而不是某种突发奇想。

我很惊讶，早在公元前5世纪，伟大的德谟克利特就对这种奇怪的现象心知肚明。在那个时代，他对所有的物理测量仪器都一无所知，更别提我刚才介绍的那些——它们都只不过是当代最为基础的科研工具。

盖伦[①]留下的残篇（*Diels*, fr.125）中记载道，德谟克利特曾模拟过一场关于智慧（διάνοια）与感觉（αἰσθήσειζ）之间什么是“真实”的辩论。智慧有言：“万事万物皆有表象，或色彩斑斓，或甘甜苦涩，实际上它们只是原子及虚空。”感觉反唇相讥：“可怜的智慧啊！你从我们这里借来证据，却希望凭此打败我们？你的胜利正是你的失败！”

本章中，我力图用最简单的例子，从最基础的科学——物理学的角度，对比两个具有普遍意义的事实：（a）所有的科学知识都基于感知；（b）然而，在以这种方式形成的关于自然过程的科学观中，并未包含任何感官属性，因此无法解释感觉。

最后，让我来做个总结。

科学理论有助于我们研究观测与实验的结果。每个科学家都一清二楚，在形成某种理论图景（哪怕只是雏形）之前，记住一系列较为广泛的事实是多么困难。因此，也难怪原创论文和教科书的作者一旦有了合情合理、符合逻辑的成型理论，便不愿意再向读者直接描述他们所发现的事实，而是为这些事实披上理论术语的外衣——这无可厚非。这种流程尽管能够有效帮助我们有规律地记忆事实，却也很容易模糊实际观测与从观测中得到的理论这两者之间的界限。由于实际观测总会带有一些感官属性，人们经常会认为理论也能解释感官属性。但是很显然，理论永远不可能做到这一点。

---

① 克劳狄乌斯·盖伦（Claudius Galenus），古罗马极其卓越的医学研究者，他的理论对西方医学产生了1300余年之久的深远影响。同时，他也是一名杰出的哲学家，正如他的著作标题所言：《最好的医生也是哲学家》。——译者注

个人小传

在我生命中的大部分时间里，我和我最好的朋友往往是天各一方。其实他也是我唯一的密友，但由于我们总是分隔两地，人们常常误以为这并不是真正的友谊，仅仅是泛泛之交。他的专业是生物学，更确切地说是植物学；而我则专攻物理学。多少个夜晚，我们来回漫步在格鲁克街和施利赛尔街上，在哲学的思辨中流连忘返。当时我们并不知道，我们自以为独出心裁的观点，早已在那些伟大的头脑中盘桓了千百年。然而，教师们难道不总是想方设法地回避这些问题，以免它们与宗教教义相冲突，从而引发令人不安的质疑吗？这正是我背弃宗教的主要原因，尽管宗教从未对我造成过任何伤害。

某天晚上，我和弗兰泽尔[1]再次共度了一个不眠之夜。我已经记不太清那究竟是在一战之后，还是我在苏黎世生活期间（1921—1927），或是后来我迁居柏林的时期（1927—1933）。但我还记得，我们在维也纳郊区的一家咖啡馆彻夜长谈，直到拂晓的阳光照耀进来，我们仍然意犹未尽。我发现，这些年来他的变化大极了；想来这也正常，毕竟我们不常通信，信中也没说什么实质内容。

我刚才应当补充一点，我和弗兰泽尔还曾一起研读过理查德·西蒙的著作。在我的一生之中，这是我唯一一次与人共读一本严肃书籍。过了不久，理查德·西蒙便遭到了生物学界的排挤，因为在同行看来，

---

① 弗兰泽尔（Fränzel）是薛定谔对好友的昵称。他的全名是弗兰茨·弗里梅尔（Franz Frimmel），奥地利-捷克植物学家，是植物育种的先驱。在维也纳大学学习期间，他与薛定谔成为了亲密的朋友。——译者注

他的观点是建立在后天获得性状的遗传规律之上的。许多年后，我在伯特兰·罗素[①]的《人类知识》（*Human Knowledge*）一书中再次看到了西蒙的名字。罗素对这位平易近人的生物学家做了一番深入的研究，并强调了他提出的“记忆”理论的重大意义[②]。

直到1956年，我和弗兰泽尔才再度重逢。那一次是在寒舍，位于维也纳巴斯德街4号。当时还有其他人在场，因此我们短短十五分钟的聚首简直不值一提。弗兰泽尔夫妇住在国界北面，似乎并未受到当局的限制；尽管如此，离开那个国家也已变得相当困难。自那以后，我和弗兰泽尔就一直没有再见过面。两年后，他竟溘然长逝。

时至今日，我和他可爱的侄儿和侄女依然是朋友。他们是他最心爱的弟弟西尔维奥（Silvio）的孩子。西尔维奥是家中的幼子，在克雷姆斯行医，1956年我回到奥地利以后曾去那里拜访他。想必他当时已是重病缠身，因为此后不久他就去世了。弗兰泽尔的另一个兄弟E. 尚在人世，他是克拉根福市有名望的外科医生。E. 曾带我登上多洛米蒂山（Sextener Dolomites）的艾斯纳峰（Einser），更重要的是，他还护送我安全下山。很遗憾，我们现已因为世界观不合而失去了联络。

维也纳大学是我唯一正式就读过的大学。1906年，就在我入学前不久，伟大的路德维希·玻尔兹曼在杜伊诺（Duino）不幸去世[③]。弗里

① 伯特兰·罗素（Bertrand Russell），英国著名哲学家、数学家和逻辑学家，也是1950年诺贝尔文学奖获得者。他曾在中国讲学，对中国学界产生了重要的影响。回欧洲后，著有《中国问题》一书，受到孙中山等人的高度赞誉。——译者注

② 理查德·西蒙及他的记忆（Mneme）理论，见本书《心灵与物质》部分第二章“尝试性的回答”一节。——译者注

③ 玻尔兹曼长期参与物理学界“唯能说”与原子论的论战，身心俱疲。1906年，在意大利度假期间，他选择了自杀。短短两年后，他的观点得到了实验的验证。很可惜，玻尔兹曼未能亲眼见证自己的胜利。——译者注

德里希·哈泽内尔[1]曾向我们充满激情又不失清晰准确地描绘过玻尔兹曼的工作，至今我仍铭记于心。哈泽内尔是玻尔兹曼的弟子与继任者。1907年秋，他在土肯街老楼那间朴素的报告厅里发表了就职演说。虽然没有任何仪式和庆典，但那次演说让我深受震撼。在物理学界的众多名家之中，玻尔兹曼的观点给我的印象最为深刻，甚至超过了普朗克和爱因斯坦。顺便提一下，爱因斯坦早期（1905年前）的研究也显示出对玻尔兹曼的深深着迷。爱因斯坦是唯一一个通过改写玻尔兹曼公式，从而把玻尔兹曼的成果向前推进了一大步[2]的人。话说回来，没有人比弗里德里希·哈泽内尔对我的影响更大了。也许只有一个例外，那就是我的父亲鲁道夫（Rudolph）。在我们一起生活的那些年里，他与我探讨过许多他感兴趣的事情。这个我们之后再细谈。

我在学生时代就和汉斯·瑟林（Hans Thirring）[3]成了朋友。后来，我们一直维持着这段友谊。1916年，哈泽内尔在战场上阵亡。汉斯·瑟林成了他的继任者，直到70岁才退休。他放弃了继续留校的荣誉职务，而把玻尔兹曼遗留下来的席位传给了他的儿子沃尔特（Walter）。

1911年，我开始担任埃克斯纳[4]的助手。就在那个时期，我遇到

---

① 弗里德里希·哈泽内尔（Friedrich Hasenöhrl），奥地利物理学家。他师从玻尔兹曼，后来成为玻尔兹曼的继任者，担任维也纳大学理论物理学研究所所长以及该校的理论物理学教授。弗里兹是弗里德里希的昵称。——译者注

② 爱因斯坦把玻尔兹曼公式倒过来写成指数形式，即$W=e^{\frac{S}{k_B}}$，用热力学熵定义系统的微态细节，加热系统带来熵的提高从而增加系统微态的数目。简单来说，爱因斯坦认为熵是比热力系统的统计性更基本的物理量。——译者注

③ 汉斯·瑟林（Hans Thirring），奥地利理论物理学家。他的儿子便是本段提及的沃尔特·瑟林，在量子场论方面做出了突出贡献。——译者注

④ 弗兰茨·埃克斯纳（Franz S. Exner），奥地利物理学家，曾任维也纳大学校长。——译者注

了科尔劳施（K. W. F. Kohlrausch），我们的友谊也维持了很长一段时间。科尔劳施通过实验证明了所谓的“施威德勒涨落”（Schweidle Fluctuations），他也因此声名鹊起。一战爆发前一年，我们曾一起研究“次级辐射”，它能在不同材料制成的小底板上，以尽可能小的角度产生一束（混合的）伽马射线。那些年里，我明白了两件事：第一，我不适合搞实验；第二，我所处的环境以及同处于这一环境中的科研人员，都再也无法取得大规模的实验进展。原因有很多，其中之一就是在古老而迷人的维也纳大学里，好心的糊涂人往往因按资排辈而被安排在关键的位置上，从而阻碍了一切进展。但愿当时人们就能意识到，我们需要那些真正有才华、有能力的人才，即使相隔万里也要把他们请过来！大气电学理论和放射理论都是先在维也纳发展起来的，但任何一个立志献身科学事业的科研工作者都不得不到发展环境更好的地方去追随这些理论。比如，莉泽·迈特纳[①]就离开了维也纳，前往柏林。

再说回我自己。现在回想起来，我很庆幸自己在1910年至1911年间参加了预备役军官训练。由于这一年的推延，我成为弗兰茨·埃克斯纳的助手，而没有被指派给哈泽内尔。这意味着，我能够与科尔劳施一起做实验。我不仅可以使用许多精巧的仪器，还能把它们借出来，带回家随便捣鼓——尤其是那些光学仪器。因此我学会了调试干涉仪、欣赏与读取光谱、混合各色光等等；借着瑞利方程（Rayleigh equation），我还发现了自己绿色弱（deuter anomaly）的毛病。此外，我还积极参加长期的实践课程，并在这个过程中认识到了测量的重要意义。我真希望有更多的理论物理学家能意识到这一点。

---

① 莉泽·迈特纳（Lise Meitner），奥地利-瑞典原子物理学家。她最先用理论解释了奥托·哈恩于1938年发现的核裂变现象，有“原子弹之母”的称号。在维也纳大学学习期间，曾师从玻尔兹曼。1907年赴柏林深造，导师中包括大名鼎鼎的普朗克。——译者注

1918年，革命爆发了[1]。卡尔皇帝（Emperor Karl）退位，奥地利成了一个共和国。虽然人们的日常生活基本照旧，但我的个人生活却遭到了帝国解体的影响。我接受了切尔诺维茨大学[2]一个理论物理学讲师的职位，并且打定主意，要利用我所有的业余时间来钻研哲学。那时我刚刚接触到叔本华，在他的著作中，我开始认识《奥义书》中“梵我一如”的理论。

第一次世界大战以及随之而来的一系列影响，导致我们维也纳人再也无法维系温饱。协约国获得了胜利，他们用饥饿手段制裁战败国人民。这是为了惩罚同盟国采取的无限制U型潜艇战。再也没有比这更极端的战术了—— 在第二次世界大战中，俾斯麦亲王的继任者及其追随者无法在残酷程度上超越它，只能加派潜艇数量。饥饿在全国各地蔓延，只有农场幸免于难，可怜的女人们只得到那些地方讨鸡蛋、黄油和牛奶来填饱家里人的肚子。尽管这些食物是用精致的针织衫和美丽的衬裙换得的，她们还是备受讥笑，被当成乞丐一样对待。

那时候的维也纳，社交活动和朋友聚会几乎成了不可能的事。我们根本没有什么可以用来招待客人的东西，就连最简单的菜肴也要留下来当作星期天的午餐。每日必去的社区食堂在某种程度上弥补了我们的社交需求。我们常常笑称 “社区食堂”（Gemeinschaftsküchen）是“戏法食堂”（Gemeinheitsküchen）。我们之所以还能在那儿午餐，实在得感谢那些富有责任感的女人们：在物资匮乏的年代，她们变戏法一般做出了“无米之炊”。为三五十人做大锅饭自然比为三个人做饭方便

① 一战中，奥匈帝国与德国均属同盟国。1918年战败，各民族自行独立建国，奥匈帝国解体。——译者注

② 切尔诺维茨（Czernowitz），切尔诺夫策（Chernivtsi）的德语名。它原本受奥匈帝国管辖，经过一系列政权更替，1940年被苏联红军占领。现为乌克兰城市。——译者注

些；再说，替别人减轻肩上的担子，本来也是件有意义的事。

我和我的父母亲在社区食堂遇到了许多志趣相投的人。其中一些人后来成了我们全家的好友，比如拉东（Radon）夫妇，他们俩都是数学家。

我认为，在某种意义上，那段时间，我和父母亲的日子可以说是相当困难。那时候我们住在一间大公寓里（实际上是两间公寓打通的），它位于市区里一栋价值不菲的大楼的五层，是我外祖父的房产。家里连电灯都没有，一方面是因为外公不舍得花钱安装电灯，另一方面是因为我们全家（尤其是我父亲）早已习惯了物美价廉的煤气灯。当时电灯泡仍然非常昂贵，效能又低，因此我们觉得实在没必要用电灯。我们还拆掉了原来的旧砖炉，改用带有铜制反射板的固体煤炉，原因是那个年代很难请到用人，我们只能一切从简、自食其力。尽管厨房里还保留着一个烧柴火的老式大火炉，但我们也用煤气做饭。日子还算过得去，直到有一天，某个上级官僚机构（可能是市政厅）下令实行煤气定量配给制度。打那以后，每家每户一天只允许使用一立方米的煤气，至于具体怎么用，可以自行决定。一旦超过规定用量，煤气供应就会被切断。

1919年夏，我们去了卡林西亚州（Carinthia）的米尔施塔特（Millstadt）。在那里，62岁的父亲第一次显现出衰老的迹象。他还表现出一些疾病的先兆，这种不治之症最终夺去了他的生命——但当时我们谁都没有放在心上。每每我们出门散步，他总会落在后面，尤其是上坡的路段。这时候，他就会假装对周围的花花草草兴致盎然，以此掩饰自己的疲惫。父亲的主要兴趣是植物学，这从1902年左右就开始了。每到夏天，他就会为自己的研究工作收集材料，不是为了建立私人标本室，而是为了用显微镜和切片机做实验，这种钻研精神使他成为一名形态发生学家和演化生物学家。为了更好地投身于植物学研究，他放弃了对意大利绘画史的研究以及自己的艺术兴趣。他曾经画过那样多的风景写生啊！当父亲落在后面的时候，我们常常会连哄带劝："哦，鲁道夫，快点儿呀！""薛定谔先生，天色很晚啦！"而他总是显得不耐烦。这并没有引起母亲和我的重视，只是以为他在专心致志地研究路边的植物。后来我们也就渐渐习惯了。

回到维也纳以后，这些迹象变得更明显了：父亲常常流鼻血，视网膜也经常大量出血，最后，连他的双腿也开始水肿了。可我们依然没有严肃对待。我想父亲比谁都心知肚明，自己剩下的日子不多了。不巧的是，这正好赶上了前面提到的那段煤气配给时期。我们买了碳弧灯，父亲坚持要亲自照料这些灯。他把漂亮的书房变成了碳化物实验室，我们常常能闻到从那里飘出的恶臭气味。20年前，父亲曾和施穆策尔（Schmutzer）学习蚀刻版画。他把铜板和锌板浸泡在酸和氯水里，就存放在这间书房中。那时候我还在上学，对他所做的一切都充满好奇。但后来他只能自己忙活那些仪器了，因为我在部队里服役了将近四年后，终于又能回到心爱的物理研究所工作，我一门心思扑在那里。况且，1919年秋，我和现在的妻子订了婚（如今我们已经相依相伴了四十年）。我不知道父亲是否得到了妥善的治疗；我只知道，我当时应该更细心地照顾他。我本该向理查德·冯·维特斯坦（Richard von Wettstein）求助的。他是父亲的好友，又在医学系认识人，他会帮忙的。如果那时候我们找到了更好的治疗方法，父亲动脉硬化的速度能不能慢一些？就算病情真的能够缓解，这对重病缠身的人来说真的是件好事吗？1917年，我们开在斯蒂芬广场的油布油毡店由于缺少库存不得不关门。只有父亲一人完全清楚打那以后我们家的经济状况。

1919年平安夜，父亲在他的老扶手椅上平静地离开了人世。

父亲去世后的一年，通货膨胀来势汹汹，这意味着父亲留下的银行存款进一步贬值。这些存款原本就少得可怜，从来都没有让我的双亲从捉襟见肘的生活中解脱出来。以前他卖掉波斯挂毯（这是经我同意的！）换来的收益，已经被我们花费一空；他的显微镜、切片机和书房里的大部分宝贝，在他去世后也被我贱卖掉了。在父亲生前最后几个月中，他最担心的事情莫过于我这个32岁的成年人收入少得可以忽略不计。当时我的收入是1 000奥地利克朗，这还是税前收入（我确信他把这点收入报了税，战时我在军队任职的那几年除外）。父亲在时看见他儿子取得的唯一成就，只是我获得了（也接受了）一个薪资稍高的职位：在耶拿（Jena）大学当编制外讲师以及马克斯·维恩[①]的助手。

我们夫妻俩于1920年移居耶拿，留下母亲自己照顾自己；事实上，我至今都对此难以释怀。那时候，她不得不亲自整理与清扫公寓。唉，我们大家当时都是多么糊涂啊！我的外祖父是公寓的主人，父亲去世后，他相当担心由谁来继续付房租。我们付不起房租，所以母亲只好把房子腾出来，租给一个手头比我们宽裕的房客。房客是我的未来岳父好心介绍的，他是一名犹太商人，在一家名为“凤凰”的业绩不错的保险公司工作。于是母亲被迫搬走，但具体搬去了哪里，我一无所知。要是那时候我们头脑清醒一点，本来应该可以预见到（正如后来成千上万的例子所印证的那样），这间精装大公寓将会为母亲提供多么好的收入来源——如果她能活得更久一些的话。1921年秋，母亲死于脊椎上的肿瘤，而我们之前还以为她在1917年做的乳腺癌手术是成功的。

我很少记得做过的梦，童年过后也很少做噩梦。然而，在父亲去世后的很长一段时间里，我反反复复地做这样一个噩梦：父亲并没有

① 马克斯·维恩（Max Wien），德国物理学家，发现了维恩效应。——译者注

死，可我已经把他所有精美的仪器和植物学书籍变卖了。我就这样草率地毁掉了他精神生活的基础，做出了这种无可挽回的事，现在他该如何是好呢？我非常肯定，是内疚导致了这个梦；在1919年至1921年期间，我对父母关心得太少了。我想只能这样解释了，因为我通常并不会遭到噩梦的侵扰，也很少受到良心的谴责。

我的童年和少年时期（1887年至1910年左右），对我影响最大的人是父亲。这种影响并非来自传统的教育，而是日常生活中的潜移默化。相比起大多数需要外出谋生的人，父亲经常在家，而我大部分时间也待在家里。启蒙教育阶段，一位家庭教师每周来家给我上两次课；而在文法学校读书的时候，多亏了可贵的传统，我们只用在上午上课，每周25小时。一周里面只有两个下午，我们必须得回校上基督教新教的神学课。

在文法学校里我学到了很多东西，这些知识也不是总和宗教有关。学校规定了每周上课的时长，这给学生带来的好处是无可估量的。只要学生愿意学习，就会有充足的时间思考，还可以跟私人教师学习一些学校里没有的课程。我对我的母校（Akademisches Gymnasium，维也纳文理中学）没有半句怨言，只有由衷的赞美。在那里上学的时候，我很少有厌学情绪，就算偶尔觉得无聊（我们的哲学预科课确实很糟糕），我也能把注意力转向其他科目，比如法语翻译课。

写到这儿，我想插一段，补充一个更具有普适性的观点。“染色体是遗传的决定性因素”这个发现，似乎给了社会充分的理由去忽视其他一些更加耳熟能详、亦同样重要的因素，比如交际、教育和传统。有人会说，从遗传学角度分析，后面这些因素并不那么重要，因为它们并不像染色体那么稳定。这当然有道理；然而，反例也是存在的。

我们身边已经出现了卡斯帕尔·豪泽尔[1]的案例，还有一群塔斯马尼亚（Tasmania）所谓“石器时代”的孩子，他们最近才被带到英国社会中生活，接受了一流的英国教育，然后他们的教养都达到了英国上流阶级的水准。这些例子岂不是已经说明了，是染色体的“密码本”和文明的社会环境共同造就了我们？换句话说，个体的智力水平既受到“天资”（nature）的影响，也需要“后天教育”（nurture）的培养。因此，学校对个人的成材至关重要，相比之下，它在政治方面的作用就小得多了（并不如玛利亚·特蕾西娅女王[2]所愿）。另外，良好的家庭环境也同样重要。家庭就像土地，只有土壤肥沃，学校辛勤耕耘的种子才能茁壮成长。不幸的是，这一点被许多人忽视了。他们认为，只有缺乏家教的孩子才应该上学，接受学校提供的更高层次的教育。（这样说来，这些人的孩子是否就不该上学了？）英国上流社会同样忽视了家庭教育的影响。他们认为，孩子早早离家生活是贵族阶级的标志，因此他们用寄宿学校来取代家庭生活。即使是现任女王也不得不和长子骨肉分离，把他送进这种寄宿学校。严格来说，这一切都与我无关。我提到这个问题，只是因为我想起来早年与父亲相处的时光，真是让我获益良多；如果没有父亲的陪伴，学校能够教给我的又是何其之少。其实父亲的广博学识远远超出了学校教授的内容，这不是因为他比我早三十年就被强行灌输了书中的知识，而是因为他始终保持着对事物的好奇心，从未丧失学习

① 卡斯帕尔·豪泽尔（Kaspar Hauser），德国著名的“野孩子”。他的出身是个谜，1828年突然出现在德国纽伦堡，外貌看起来约莫16岁，智力低下，几乎不记得自己过去的经历。人们带他到上流社会生活，又为他提供了专门的教育。1933年，豪泽尔因刺伤不治身亡，死因至今疑点重重。——译者注

② 玛利亚·特蕾西娅（Maria Theresa），哈布斯堡君主国史上唯一一位女性统治者，有“奥地利国母”之称。她的一生波澜壮阔，见证了欧洲政坛的风风雨雨。薛定谔指的应该是她在位期间允许教会垄断教育、封杀一切启蒙书籍之事。——译者注

的兴趣。不过要是细说起来，那又该是一个长长的故事了。

后来，父亲自学了植物学，而我也如饥似渴地读完了《物种起源》。打那以后，我们讨论的话题就有了不同的走向，和学校所教的完全不一样。当时，生物课上是禁止教授进化论的，神学课的老师甚至称其为异端邪说。当然，我很快就成了达尔文主义的狂热追随者（至今仍然如此）；而父亲则受到朋友们的影响，看法较为谨慎保守。那时候，一方面是自然选择和适者生存学说，另一方面则是孟德尔定律和德弗里斯的突变理论，人们还没有发现两者之间的联系。其实直到今天，我还是不能理解为什么动物学家总是会极力推崇达尔文，而植物学家的观点则会更加保守。然而，我们所有人都能在同一点上达成共识［当我说到“所有人”的时候，我首先想到的是霍弗拉特·安东·汉德利希（Hofrat Anton Handlisch），他是一名在自然史博物馆中任职的动物学家，在我父亲所有的朋友里面，我和他关系最好，也最喜欢他］。我们一致同意，进化论的基础是因果关系，而不是目的论；没有任何所谓的“活力”“隐德来希”或“定向进化”（orthogenesis）的法则从中作祟，从而抵消无生命物质的普遍规律或使之失效。我的神学老师自然不会喜欢这个理论，但反正我也不在乎。

我们家有夏天外出旅行的习惯。这不仅为我的生活增添了一抹色彩，还大大满足了我的求知欲。我还记得在上中学（Mittelschule）的前一年，我们曾去英格兰游览，住在拉姆斯盖特（Ramsgate）母亲的亲戚家中。那里的海滩又宽又长，非常适合骑毛驴，也是学骑自行车的理想地点。强烈的潮汐涨落把我完全迷住了。那片海滩上设有许多带有轮子的小更衣棚，一个人牵着他的马，随着潮汐的变化，忙着把这些棚子来来回回地搬来搬去。就在英吉利海峡，我第一次注意到，当远方的船只还没有在海平面上出现的时候，人们就能提前看到船上的烟囱里飘出的烟——这是水面存在曲率的缘故。

我在利明顿（Leamington）的马德拉别墅见到了我的曾祖母。人们叫她“罗素”（Russell）夫人，而她住的那条街也叫“罗素街”，因此我十分确定，它是以我已故的曾祖父的名字命名的。我母亲的一位姨妈以及姨丈阿尔弗雷德·科克也住在那里。他们养了6只安哥拉猫（据说后来变成了20只），还有一只普通的公猫。那只猫常常在夜里出去探险，回来的时候垂头丧气，因此他们给它起名叫托马斯·贝克特（Tomas Becket，坎特伯雷大主教的名字，他在位时被亨利二世下令处死）。当时的我并没有觉得这个名字有多大意义，而且也不太合适。

在我学会用德语写作之前，更别说用英语写作之前，我就能说一口流利的英语。这要感谢我母亲最小的妹妹明妮，在我五岁那年，她从利明顿搬到了维也纳。后来，当我开始学习英语读写的时候，我发现自己早就对这门语言非常熟悉了，当时我自己也是大吃一惊。多亏了我的母亲，每天中的一半时间她都在督促我练习英语，尽管那时候我并不十分情愿。母亲和我常常会一起从威尔堡（Weiherburg）散步到那些年里还很宁静的美丽小镇因斯布鲁克（Innsbruck），这时候母亲总要说：“从现在开始，我们一路上只准说英语，一个德语词都不要用。”我也遵命了。后来我才意识到这对我的英文帮助有多大，至今我仍受益匪浅。虽然后来我不得已背井离乡，但在国外，我从未感到自己是个异乡人。

我依稀记得，我们曾经多次骑车环游利明顿，顺道参观了凯尼尔沃思和华威。从英国返回因斯布鲁克的路上，我们乘汽船沿莱茵河逆流而上，途径了布鲁日、科隆和科布伦茨，我想还有吕德斯海姆、法兰克福和慕尼黑，最后我们终于抵达了因斯布鲁克。我还能想起理查德·阿特梅尔的小旅馆。

正是借宿在那间旅馆的时候，我人生中第一次去上学。父母亲担心我在度假期间把刚学会的单词拼写和加减法忘得精光，耽误秋季的入学考试，因此我在圣尼古拉斯接受了私人辅导。后面的几年里，我们总是去南蒂罗尔（South Tyrol）或者卡林西亚；有时，也会在九月份去威尼斯待上几天。那些年里，我有幸目睹了多少美好的事物；可由于汽车、“开发”以及新的国界划分，这些旧时风景已经荡然无存。虽然我是独子，但我想在当时，更不用说如今，很少人能够拥有像我那样无忧无虑的童年和少年时代。每个人待我都那样友好，我们彼此间相处得十分融洽。但愿每一个老师（包括每一位家长），都能真正明白相互理解的重要性！不懂得换位思考，我们就不可能持续深远地影响那些我们负有责任的孩子。

在这里，我想谈谈我的大学时代，那是1906年至1910年；现在不说的话，后面恐怕可能就没机会了。我前面提到过，哈泽内尔和他精心设计的四年课程（每周只有5个小时！）对我的影响无与伦比。很可惜，我错过了最后一年（1910年至1911年）的学业，因为我没法再推迟服兵役的义务了。事实证明，这并没有想象中那么糟糕，因为我被派到了美丽的古城克拉科夫（Cracow）[①]，还在卡林西亚的边境［马尔博盖特（Malborghet）附近］度过了一个难忘的夏天。除了哈泽内尔的课，我还上了所有能上的数学课。当时，古斯塔夫·科恩（Gustav Kohn）教授投影几何。他对学生的要求很严格，但讲解十分清晰有条理，给我留下了深刻的印象。科恩的教学模式是这样的：第一年用不掺杂任何公式的综合教学法，第二年用分析法，如此交替进行。事实上，再没有比这更好的方法来说明公理系统（axiomatic system）的存在了。

① 波兰旧都，位于波兰南部，波兰语为Kraków，原属奥匈帝国管辖。——译者注

通过他的讲解，许多数学原理都变得如此美妙，尤其是对偶（duality）现象——它在平面几何和立体几何中有些许不同。他还向我们证明了费利克斯·克莱因[1]的群论（group theory）对数学发展的深远影响。在二维结构中，我们必须把第四调和元素的存在作为公理；而在三维结构中，这一点却很容易证明。他认为这是伟大的哥德尔定理（Goedel′s theorem）[2]的最简单例证。科恩教给了我许多东西，这些都是我在日后绝不会有时间去学的知识。

我还听了耶路撒冷（Jerusalem）关于斯宾诺莎的讲座。无论是谁上过他的课，都会毕生难忘。他谈到了许多伊壁鸠鲁[3]的哲学观点，例如“死亡不是人类的敌人”（Death is not man′s enemy）以及“无须为任何事物称奇”（To wonder at nothing）[4]。这正是伊壁鸠鲁哲学观的出发点。

入学后的第一年，我还做了一些化学定性分析，确实也从中学到了不少知识。斯克劳普[5]关于无机化学分析的讲座精彩极了；我在夏季学期[6]读到了他的有机化学分析讲义，相比之下就逊色一些。本来这些课可以再好十倍，但就算这样，它们也无法加深我对核酸、酶和抗体等等的理解。因此我只得全靠自己，凭直觉摸着石头过河，然而总算还是有所收获。

---

① 费利克斯·克莱因（Felix Klein），德国数学家，主要研究非欧几何、群论和复变函数论。——译者注

② 即哥德尔不完备定理。该定理共有两条，由库尔特·哥德尔于1931年证明。——译者注

③ 伊壁鸠鲁（Epicurus），古希腊哲学家，崇尚享乐主义，并且继承和发展了德谟克利特的原子论。——译者注

④ 原著为希腊语原文加上英语意译。——译者注

⑤ 兹登科·汉斯·斯克劳普（Zdenko Hans Skraup），捷克-奥地利化学家，斯克劳普合成反应的发现者。——译者注

⑥ 复活节到学年结束的学期。——译者注

1914年7月31日，父亲来到我在玻尔兹曼大街的小办公室。他告诉我，我已经被召入伍了。卡林西亚的普雷迪尔萨特尔（Predilssattel）是我的第一个派驻点。我们去买了两把枪，一支长枪和一支短枪。万幸的是我从未被迫开枪，无论是对人还是对动物。1938年，我在格拉茨的住所遭到搜查。我把枪上交给那位好心的长官，以防万一。

下面简单讲讲战时的情况。我的第一个驻地是普雷迪尔萨特尔（Predilsattel），那儿太平无事；但某天我们虚惊了一场。我们的指挥官雷德尔（Reindl）上尉安排了亲信，一旦意大利军队开始向雷布勒湖（Raiblersee）进发，行军至开阔的谷地时，就燃烟为号，向我们示警。正巧有人在边境处烤土豆，也可能是烧柴火。于是，我们就奉命前去驻守两个哨所，我负责的是左边的那个。我们在瞭望台上整整待了十天，才有人想起来把我们叫回去。哨所的经历让我明白了，带着睡袋和毯子睡在有弹性的地板上，比睡在坚硬的地面上要舒服得多。我的另一个发现性质不太一样，却是一段空前绝后的经历，这辈子只发生过那么一次。某天晚上，值班的哨兵把我叫醒，报告道对面山坡有许多灯火在向上移动，显然是直奔我们而来［巧的是，西科夫山（Seekopf）的那边根本没有路］。我连忙钻出睡袋，穿过连接通道，去哨所仔细观察。原来，哨兵看到的灯火只是所谓的“圣艾尔莫之火”[①]，是在我们自己的铁丝网顶端产生的，离我们仅有几码之遥。至于火光的移动，是由于观察者自身移动造成的视差现象。夜里走出宽敞的掩体时，我总会凝视这些漂亮的小火光，它们在覆盖掩体顶部的草尖上星星点点地闪烁着。

---

① “圣艾尔莫之火”（St Elmo’s Fire），自古以来就被船员观察到，经常出现在桅杆顶端，亦可出现在任何尖锐物体上。这个名称来源于意大利圣人圣伊拉斯谟，他是海员的保护神；中国古代则称“马祖火”。它的实质是一种电晕放电现象，由美国的富兰克林首次确定其中的科学原理。——译者注

那儿是我人生中唯一一次亲眼见到这种现象的地方。

在普雷迪尔萨特尔消磨了不少时光以后，我被派往福尔泰扎（Franzensfeste），然后是克雷姆斯（Krems）和科莫恩（Komorn）。我在前线打过一阵子仗，先是加入了戈里齐亚（Gorizia）的一个小部队，接着又去了杜伊诺。这些部队都配备了一种奇怪的海军舰炮。再后来，我们撤退到了西斯提亚纳（Sistiana）。从那个地方，我被派往一个风光秀丽却有点无聊的哨所。它坐落在普鲁赛克（Prosecco）附近，位于的里雅斯特北部900英尺处，那里的大炮更加怪异。我的未婚妻安妮玛丽曾来哨所探望我；波旁王朝的西克斯图斯亲王（Prince Sixtus），也就是齐塔皇后[①]的哥哥，也曾视察过我们的阵地。当时他并没有穿军装，后来我才知道，他其实是我们的敌人——法国不允许波旁家族的成员加入法国军队，他便在比利时军队服役。他此行的目的是促使奥匈帝国和协约国之间私下达成和平协议，这自然明显背叛了德国。很可惜，他的计划从未实现。

在普罗塞克，我第一次接触到爱因斯坦的理论。当时我有许多空闲时间可以自由支配，但要吃透他的理论却相当困难。然而那时候我在页边做的笔记，现在看来也还算颇有见地。爱因斯坦经常会以不必要的复杂形式来呈现新理论。1945年，他提出了所谓的“不对称”统一场论，这种复杂性更是达到了巅峰。但也许这并不只是爱因斯坦这位伟人的特点，几乎所有阐释新观点的人都会如此。回到不对称统一场论，泡利[②]当时就告诉爱因斯坦没必要引入复数，因为每个张量方程本来就是

① 波旁-帕尔马的齐塔（Zita of Bourbon-Parma），卡尔一世的妻子，奥匈帝国末代皇后。——译者注

② 沃尔夫冈·泡利（Wolfgang Pauli），奥地利物理学家，量子力学先驱，因泡利不相容原理获1945年诺贝尔物理学奖。——译者注

由对称和反对称部分组成的。直到1952年，爱因斯坦和考夫曼夫人[①]合写了一篇论文，发表在为庆祝路易·德布罗意[②]六十大寿而出版的一卷合集里。在这篇文章中，他终于认同了我所主张的简洁描述，聪明地放弃了自己所谓的“充分”论证。这确实是一个重大的进步。

大约是战争结束前的最后一年，我担任了“气象学家”的职务。先是在维也纳，然后是菲拉赫（Villach）和维也纳新城（Wiener Neustadt）[③]，最后辗转回到了维也纳。这段经历十分宝贵，我因而幸免了随部队从满目疮痍的前线狼狈溃退。

1920年三、四月间，我和安妮玛丽结婚了。婚后不久我们就搬到了耶拿，我们在那儿租了间带家具的小房子。校方希望我在奥尔巴赫[④]教授的系列讲座中增添一些理论物理学的前沿内容。奥尔巴赫夫妇和我的老板马克斯·维恩夫妇都亲切友好，我们夫妻很快和他们交上了朋友。奥尔巴赫夫妇是犹太人，而维恩夫妇是传统的反犹太家庭，但并不针对个人。我们的友谊对我的帮助极大。我听说在1933年，奥尔巴赫夫妇因为希特勒当权（Machtergreifung）[⑤]后对犹太人进行残忍的迫害与侮辱，走投无路，只能双双结束自己的生命。我还记得埃伯哈德·布赫瓦尔德（Eberhard Buchwald），他是一位年轻的物理学家，刚鳏居不久；埃勒（Eller）夫妇和他们的两个小儿子也是我们在耶拿的朋友。去

① 柏卢丽雅·考夫曼（Bruria Kaufman），美国物理学家，以研究广义相对论闻名，在统计物理学方面也颇有建树。曾于 1950 年至 1955 年间与爱因斯坦共事。——译者注

② 路易·德布罗意（Louis de Broglie），法国物理学家，因发现电子波动性及对量子论的贡献，获1929年诺贝尔物理学奖。——译者注

③ 维也纳新城于 1192 年建城，位于维也纳以南，与维也纳不是一座城市。——译者注

④ 菲利克斯·奥尔巴赫（Felix Auerbach），德国物理学家。——译者注

⑤ 直译为“夺权”，专指1933年1月30日魏玛共和国政府权力被纳粹党及其盟友接管。这天，希特勒成为德国总理，德国进入第三帝国时期。——译者注

年（1959年）夏天，埃勒夫人来阿尔卑巴赫看望我，此时她已是一名可怜的寡妇。她失去了家中的三个男人——丈夫和儿子们都为自己不相信的事业献出了生命。

我能想到最枯燥的事情之一，就是按照时间顺序记叙某人的生平。无论你是在追忆自己的一生，还是回顾别人的生活，值得记录下来的不过是些偶然的经历和观察罢了。即使事情的时间顺序在当时似乎十分重要，但到了后来，你会发现其实它们意义不大。所以，接下来我要对自己生命中的各个阶段做一个简明的总结，到了日后想参考的时候，就不必查阅年代顺序了。

第一阶段（1887年至1920年）结束的标志是我和安妮·玛丽结婚并离开德国，我把这一阶段称为“早年的维也纳生活”。

第二阶段（1920年至1927年），我称之为“早年的流浪岁月”，因为我先后去了耶拿、斯图加特（Stuttgart）、布雷斯劳（Brelaus）[1]，最后辗转来到苏黎世（1921年）。这一阶段以我被召回柏林接替马克斯·普朗克告终。1925年，我曾在阿罗萨待过一阵子，并在那里创立了波动力学[2]；我的论文于1926年发表。由于这个发现，我去北美做了为期两个月的巡回演讲，那时候禁酒运动正如火如荼。

第三阶段（1927年至1933年）还挺顺心，我把它叫作“教与学时期”。希特勒一上台（所谓的Machtergreifung），这个阶段就结束了。那年夏季学期快上完时，我已经开始匆匆忙忙收拾行李寄往瑞士。七

① 现名弗罗茨瓦夫（Wrocław），波兰城市。布雷斯劳是德国统治期间旧称，该市是德国在二战失去的最大城市。——译者注

② 阿罗萨（Arosa）是瑞士度假胜地。1925年圣诞节期间，薛定谔来此短暂停留，正是在这段时间里，他首次提出了“薛定谔方程”，改变了原子物理学，并凭此获得了1933年诺贝尔物理学奖。——译者注

月底，我离开柏林，去南蒂罗尔度假。根据圣日耳曼条约[1]，当时南蒂罗尔已是意大利的领土，因此我们仍然可以持德国护照进入，却无法去奥地利。俾斯麦亲王的接班人位高权重，卓有成效地在奥地利推行了被称为“一千马克”（Tausendmarksperre）的封锁政策。就是因为这个政策，我的夫人无法去庆贺岳母的七十大寿，当局没给她通行证。暑假过后我没有再回柏林，而是递了辞呈，等了很久都没收到答复。事实上，他们后来根本不承认收到过这封辞呈，而听说我获得诺贝尔物理学奖[2]之后，更是矢口否认。

第四个阶段（1933年至1939年），我称之为“再度流浪的岁月”。早在1933年春，林德曼（后来的彻韦尔子爵）[3]就在牛津大学给我提供了一个“谋生”的职位。那是在他第一次访问柏林期间，我随口说到我对目前的处境十分不满，他便答应帮忙。后来，他也忠实地履行了承诺。于是，我和妻子就开着为这次旅行特意买的小宝马上路了。我们离开了马尔切西内（Malcesine），途经贝加莫（Bergamo）、莱科（Lecco）、圣哥达（St Gotthard）、苏黎世、巴黎，然后抵达了布鲁塞尔，当时那里正在召开索尔维会议[4]。我们从布鲁塞尔分头去了牛津。林德曼已经把一切都打点好了，我顺利成为牛津大学莫德林学院的

---

① 圣日耳曼条约是一战结束后，协约国与奥地利共和国签署的条约。该条约标志着奥匈帝国正式解体。——译者注

② 1933 年，薛定谔因“发现了原子理论的新形式”，与英国物理学家狄拉克共同获得诺贝尔物理学奖。这种新形式便是描述微观粒子状态随时间变化的规律的波函数，即“薛定谔方程”。——译者注

③ 第一代彻韦尔子爵弗雷德里克·林德曼（Frederick Alexander Lindemann），英国物理学家，丘吉尔的密友，二战期间担任丘吉尔的首席科学顾问，曾获得休斯奖章。——译者注

④ 全名索尔维国际物理学化学研究会，于 1911 年创办，每三年举办一次。第一次索尔维会议是科学史上的里程碑，参会人士群星璀璨，主席为洛伦兹，爱因斯坦、能斯特、居里夫人、普朗克、德布罗意、卢瑟福等人都参加了会议。时年 25 岁的林德曼是年龄最小的参会者。——译者注

一员，尽管我的收入大多来自ICI（帝国化学工业公司）。

1936年，我同时获得了两个学校的教席：爱丁堡大学和格拉茨大学。我选择了后者，这个决定真是愚蠢至极。这两个选择和随之而来的结果都是无法预料的，但结局还算是幸运。1938年，我的生活与事业自然多多少少遭到了纳粹的影响，但那时我已经受邀，准备前往都柏林——德·瓦莱拉[①]打算在那里建一所高等研究院。如果我在1936年选择了去爱丁堡大学，那么德·瓦莱拉的恩师惠特克[②]出于对母校的忠诚，绝不会推举我去都柏林。由于我拒绝了爱丁堡大学，他们后来邀请了马克斯·玻恩来接替我的位置。事实证明，去都柏林比去爱丁堡要好上一百倍。原因有二：一是爱丁堡大学的工作任务繁重；二是在整个战争期间，所有敌国公民在英国的地位都很尴尬。

我们的第二次“逃亡”是从格拉茨出发的。这次我们经过了罗马、日内瓦和苏黎世，来到了牛津，在我们的好友怀特海德夫妇家中住了两个月。我们没法带上我们的小宝马“格劳林”，因为它车速太慢，而且我也没了驾照。当时都柏林的研究院还没正式落成，所以我们夫妻俩以及希尔德和路得在1938年12月去了比利时。一开始，我在根特大学为弗兰基基金会的研讨会（fondation Franqui-Seminar）当客座教授（用德语授课！）；后来，我们在拉潘讷（Lapanne）海边度过了四个月。尽管那儿有水母，但仍不失为一段美妙的时光。这也是我人生中唯一一次目睹海上的磷光现象。1939年9月，二战爆发后的第一个月，我们途经英格兰，前往都柏林。我们持有德国护照，所以对英国来说，我们是敌国公民；但多亏了德·瓦莱拉的介绍信，我们还是获得了入境许可。

① 埃蒙·德·瓦莱拉（Éamonn de Valera），时任爱尔兰总理。——译者注

② 埃德蒙·泰勒·惠特克（Edmund Taylor Whittaker），英国数学家、物理学家和科学史专家，曾任爱丁堡大学数学系主任。——译者注

尽管一年前林德曼和我之间有过一些不愉快，但我想他可能也找了点关系，他毕竟是个正派人。林德曼曾担任朋友温斯顿[1]在物理方面的顾问，我相信，战时他对英国的防御工作做出了无可估量的贡献。

第五个阶段（1939年至1956年），我称之为“长期流放的岁月”。“流放”这个词听起来很悲惨，但其实那是一段相当美好的时光。若不是被“流放”，我将永远不可能了解这个偏远而美丽的岛国。在世界的任何一个角落，我们都不可能像在都柏林一样，安然无恙地度过纳粹战争时期；比起历经磨难的人们，这种无忧无虑的生活简直是一种耻辱。若我留在了格拉茨，不管有没有纳粹，不管有没有战争，我都无法想象17年裹足不前、勉强糊口的生活。有时候，我和家人间会悄悄地相互说道：“Wir danken's unserem Fuhrer.（多亏了元首。）”

第六个阶段（1956年至今），我把它叫作“回归维也纳”。早在1946年，我就被邀请回维也纳大学任教。当我把消息告诉德·瓦莱拉的时候，他竭力反对，提醒我中欧的局势尚未稳定。这点他说得很对。虽然德·瓦莱拉在各个方面都待我不薄，但他从不关心万一我发生不测，我的妻子将来该如何度日。他只是说，如果这种情况发生在自己身上，他也不知道他的妻子该怎么办。因此我答复维也纳大学的人，我确实很想回国，不过我想等局势彻底平复后再回去。我告诉他们，因为纳粹，我已经两次被迫中断工作，不得不在别处从头开始；如果再有第三次，我的事业将被完全毁掉。

回头看看，我的决定是正确的。那些日子里，多灾多难的奥地利百废待兴，这片土地上的生活是艰难困苦的。我向奥地利当局提出申请，希望他们给我的妻子提供一笔养老金作为补偿，但我的愿望落空

① 指温斯顿·丘吉尔，时任英国保守党领袖与国防大臣。——译者注

了。当局似乎确实很想弥补过失，可那时候我们国家实在太穷了（1960年的今天仍然如此），不可能特殊照顾某些人，而不补贴其他大多数人。因此，我在都柏林多待了十年，事实证明，这十年并没有白费。我用英语写了不少短篇著作（由剑桥大学出版社出版），并继续研究非对称广义引力理论，结果却颇让人失望。另外，我还分别在1948年和1949年做了两次成功的手术，主刀医生维尔纳大夫替我摘除了白内障。返回祖国的日子终于来临了。奥地利十分大方地恢复了我原先的职位；除此之外，我还接到了维也纳大学抛来的橄榄枝。尽管我还有两年半就退休了，他们还是给了我特殊优待。这一切都要感谢我的朋友汉斯·瑟林以及教育部长德里梅尔（Drimmel）博士的帮助。与此同时，在我的同事罗布拉赫（Robracher）的积极推动下，有关荣誉教授地位的新法得以实施，从而也支持了我的事业。

我的编年史到此结束。我只是希望能在各个时期补充一些还不算太枯燥的细节和想法。不过，我绝不会事无巨细地描述我的一生，因为我并不擅长讲故事；另外，我不得不省去我个人生活中非常重要的一部分——我和女人的关系。首先，这些内容无疑会招来流言蜚语；其次，这对别人来说也没多大意思；最后，我相信任何人在这类事情上，都无法做到、也不能够毫无保留。

我在今年年初写下了这篇小传，现在偶尔回头读读，未尝不是一种自娱自乐。但我不打算再写下去了——因为这没有什么意义。

埃尔温·薛定谔

1960年11月

译后记

接到通过试译的消息后，我是惊喜而又忐忑的。几年前我曾拜读过薛定谔先生的这本大作，是商务印书馆的张卜天译本。尽管这个版本只译出了第一部分《生命是什么》，而且我也不敢说当时彻底读懂了，但仍是深受震撼。未曾想到，后来我成了这本书的新译者。

翻译的任务是艰巨的。首先，薛老的著作是出名的难懂难译。本书虽然属于科普作品，但许多地方艰涩高深，需要一定的科学知识储备方可理解。毫不夸张地说，薛老堪称博古通今的全才，他在本书中旁征博引，主要涉及了物理、生物以及哲学三个方面；我并非这几个领域的从业者，四个月的翻译之路也是不断自我学习的过程。为了查证一个专业术语，需要翻阅许多文献才敢落笔。另外，拙译的大功告成绝非我一人之力。初译完成后，我请了三名专家进行审校，确保学术方面的严谨性：物理方面是代尔夫特理工大学量子纳米科学系的陈宇光博士，生物方面是瓦赫宁根大学遗传学方向的王舒航博士，哲学方面是中山大学科学哲学方向的何睿博士。三名老师与我私下都是好友，我们结缘于音乐和电影：陈老师钢琴技艺精湛，王老师是一名出色的歌手，何老师是国内知名电影账号的主要运营者，在电影美学方面造诣深厚。他们不仅是各行各业中极其优秀的人才，在个人兴趣方面也颇有建树。三名老师都爽快地接下了任务，并不计报酬地细心订正打磨译文。我们的合作从文艺爱好拓展到个人专业领域，这对大家来说都是一次难忘的经历。在此，我要向三名审校老师表示诚挚的谢意。另外还有几位在某个知识点上向我不吝赐教的博士，恕我无法一一致谢。

其次，原著的语言亦给译者造成了很大的困难。薛老是奥地利人，母语是德语，本书虽用英语写就，但保留了许多德语的习惯。例如，动辄五六行的长难句中有好几个插入语，指代不明的情况也时常出现，有时读了几遍原文仍是不明所以。借用严复先生在《群己权界论》中的原句，真可谓“文理颇深、意繁句重”。如何抽丝剥茧地理解原文，并按照中文的语言习惯深入浅出地把内容传达给读者，是对译者极大的考验。本书的绝大部分内容，我都靠着翻译技巧与逻辑思维一句句“拆句”再“重组”；遇到少数百思不得其解的句子，多亏译界同行耐心指点，使我暗室逢灯，茅塞顿开。此外，我还叨扰了一些外国朋友，实在要感谢各位的包涵。最后，我还要感谢编辑老师细心校正文字纰漏，使译文更流畅。

另外，这本著作国内已有多个译本；珠玉在前，我作为一个半路出家、资历尚浅的后辈，接下了新译本的接力棒，既倍感荣幸，又诚惶诚恐。翻译的过程中，我主要参考了商务出版社2016年的张卜天译本、江苏凤凰科学技术出版社2019年的邹路遥译本、北京大学出版社2018年的周程和胡万亨译本、天津人民出版社2020年的肖梦译本以及哈尔滨出版社2012年的吉喆译本等。感谢各位前辈在一些难译之处指路，让我得以破解出自己的译文；对原有译本误译、漏译之处，也一一查证并尽最大努力进行了妥善的处理。

本书翻译的后半阶段，恰逢新冠疫情肆虐，荷兰政府执行了“强封锁”政策；我也将近两个月闭门不出，在家潜心翻译。译书的过程好比一场马拉松，最累的阶段大约是全程的五分之四；此时恰逢薛老酣畅淋漓地大谈哲学，当时真有筋疲力尽之感。哲学是我涉足不深的领域，为了把这本著作译准、译好，不负薛老的良苦用心，我翻阅了大量哲学文献，钩古稽沉。圣诞假期期间，在此起彼伏的烟火声中，我正挑灯研读康德的学说；2022年新年前夕，亦是薛老陪我跨年。就在这个阶段，前半部分专家审校的意见陆续发来。我仍记得和何老师畅谈斯宾诺莎直至夜深，以及陈老师专程打来电话向我解释量子跃迁的细节与术语。足不出户的两个月虽然艰辛，却并不孤独。

尤其值得一提的是，本书大功告成前最后一步——审阅样章之时，恰逢我正在瑞士朋友家消夏。朋友是科学工作者，在最后的审校工作中提供了极其宝贵的建议。瑞士在薛定谔的生命里占据了重要的位置，他不仅曾在此执教、散心，而且使其荣获诺贝尔奖的“薛定谔方程”，正是他在瑞士度过圣诞假期时提出的。薛定谔在瑞士度假期间撼动了物理学，我在瑞士度假期间译完了他的著作；虽然我的功劳与他相比微不足道，但不得不说，这真是一种奇妙的缘分。《个人小传》中提及的地点，我都在地图上做了标记，准备在接下来几个月的环欧之旅中一一寻访，追随薛定谔的足迹，缅怀这位对我意义重大的伟人。

拙译根据剑桥大学出版社2012年版译成，分为《生命是什么》《心灵与物质》与《个人小传》三个部分。《生命是什么》主要涉及物理学与生物学的内容，一步步论述了“生命以负熵为生”这一主题；《心灵与物质》用科学的方法与论据，深入探讨了薛定谔的哲学观；《个人小传》不仅真挚感人，还有助于读者理解薛定谔的心路历程，前两部分的许多内容都能在自传中找到源头。很可惜，现有的译本完整译出三个部分的并不多。译书过程历时近一年，希望这本由多人心血凝结而成的译作能够准确、完整地呈现出薛定谔这本名著的思想精华，以飨读者。不足之处，还请多多指教。